计算机组成原理与系统结构

李旻松　黄雄华　主编

重庆出版集团　重庆出版社

图书在版编目（CIP）数据

计算机组成原理与系统结构 / 李旻松 , 黄雄华主编 . — 重庆 : 重庆出版社 , 2024.3
ISBN 978-7-229-18554-1

Ⅰ.①计… Ⅱ.①李…②黄… Ⅲ.①计算机组成原理②计算机体系结构 Ⅳ.① TP30

中国国家版本馆 CIP 数据核字 (2024) 第 071539 号

计算机组成原理与系统结构
JISUANJI ZUCHENG YUANLI YU XITONG JIEGOU

李旻松　黄雄华　主编

责任编辑：燕智玲
责任校对：李小君
装帧设计：优盛文化

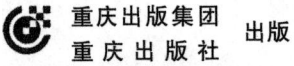

重庆出版集团
重庆出版社　出版

重庆市南岸区南滨路 162 号 1 幢　邮编：400061　http://www.cqph.com
河北万卷印刷有限公司
重庆出版集团图书发行有限公司发行
E-MAIL: fxchu@cqph.com　邮购电话：023-61520646
全国新华书店经销

开本：710mm×1000mm　1/16　印张：13.25　字数：216 千
2024 年 3 月第 1 版　2024 年 3 月第 1 次印刷
ISBN 978-7-229-18554-1

定价：78.00 元

如有印装质量问题，请向本集团图书发行有限公司调换：023-61520417

版权所有　侵权必究

前言 preface

计算机作为现代社会不可或缺的工具和技术，已经深刻地改变了人类的生活和工作方式。而计算机的核心组成部分之一就是中央处理器（Central Processing Unit，简称CPU）。CPU作为计算机的"大脑"，负责执行各种指令、进行数据处理和控制操作，是计算机系统中重要的组件之一。

本书旨在全面介绍计算机的组成原理与系统结构，以便读者能够深入理解CPU及其在计算机系统中的作用。通过对CPU的研究与学习，读者可以了解计算机的运算方法、数据存储系统、指令系统与控制器、总线、输入输出系统以及计算机系统结构等关键方面的知识。

第1章回顾了计算机的产生和发展历程，探讨了计算机的类型、特点、性能指标以及应用领域，对计算机系统进行了概述，并简要介绍了计算机系统的结构。这些内容将为后续章节的学习奠定基础。

第2章深入探讨了数据的表示方法，二进制数据的编码及加减运算，研究了定点二进制乘法运算、定点除法运算和浮点运算等关键主题，还介绍了数据校验码和定点运算器的组成和结构。

第3章介绍了存储系统，包括主存储器、高速存储器、虚拟存储器和辅助存储器等，并深入研究了它们的概念、结构及其在计算机系统中的作用，还探讨了虚拟存储器的原理和应用。

第4章重点讲解了CPU中重要的组成部分——指令系统与控制器，并介绍了指令系统的寻址方式和指令格式等关键知识，同时深入探讨了控制器的功能和实现原理。

第5章学习了总线的基本概念、分类以及其特性和性能指标，阐述了总线结构的连接方式，以及总线在计算机系统中的作用和重要性。

第6章深入介绍了输入输出系统的相关概念、输入输出接口、主机与外围设备交换信息的方式以及中断系统等关键内容。这些相关介绍，可以使读者了解到输入输出系统在计算机中起着关键的桥梁作用，并负责计算机与外围设备之间的信息交换。

第7章研究了计算机系统结构的几个重要方面，包括流水线、并行处理机、多处理机和向量处理机等。此外，还阐述了计算机系统结构的新发展，以及对未来计算机发展的展望。

第8章总结了前面章节的内容，并展望计算机组成原理与系统结构领域的未来发展趋势，并提出结论，探讨推动计算机领域发展的策略和建议。

通过对计算机组成原理与系统结构的深入学习，读者将能够全面了解计算机系统的工作原理和结构组成，并具备一定的实践能力。无论是从事计算机硬件设计、系统开发还是进行计算机相关领域的研究和教学，本书都将为读者提供丰富的知识和理论基础。

希望本书能够帮助读者深入理解CPU及其在计算机系统中的重要性和功能的相关内容，进而激发对计算机组成原理与系统结构领域的兴趣，并在实践中取得更大的成就。祝愿读者在阅读本书的过程中获得丰富的知识，并能应用这些知识推动计算机的进步和发展。

目录 contents

第1章　计算机概述 ·· 001

　　1.1　计算机的产生和发展 ··· 001

　　1.2　计算机的类型、特点、性能指标与应用 ································ 003

　　1.3　计算机系统概述 ··· 008

　　1.4　计算机系统结构概述 ··· 013

第2章　运算方法与运算器 ·· 020

　　2.1　数据的表示方法 ··· 020

　　2.2　二进制数据的编码及加减运算 ··· 028

　　2.3　定点二进制乘法运算 ··· 034

　　2.4　定点除法运算 ·· 042

　　2.5　浮点运算 ·· 046

　　2.6　数据校验码 ··· 049

　　2.7　定点运算器的组成和结构 ··· 055

第3章　存储系统 ·· 063

　　3.1　存储系统概述 ·· 063

　　3.2　主存储器 ·· 066

3.3 高速存储器 079

3.4 虚拟存储器 086

3.5 辅助存储器 090

第4章 指令系统与控制器 097

4.1 指令系统概述 097

4.2 寻址方式 099

4.3 指令格式 106

4.4 控制器 108

第5章 总线 118

5.1 总线的基本概念 118

5.2 总线的分类 118

5.3 总线的特性及性能指标 120

5.4 总线结构的连接方式 122

第6章 输入输出系统 126

6.1 输入输出系统概述 126

6.2 输入输出接口 130

6.3 主机与外围设备交换信息的方式 132

6.4 中断系统 135

第7章 计算机系统结构 153

7.1 流水线 153

7.2 并行处理机 165

7.3 多处理机 169

7.4 向量处理机 …………………………………………………… 174

7.5 计算机系统结构新发展 ……………………………………… 185

第8章 结论与展望 …………………………………………………… 192

8.1 结论 …………………………………………………………… 192

8.2 展望 …………………………………………………………… 192

参考文献 ………………………………………………………………… 197

第1章 计算机概述

计算机的产生与发展是人类社会发展的一部分,是人类通过不断劳动和不断创新的结果。计算机是人类智慧的结晶,是为更好地服务人类社会而不断进化的产物。

1.1 计算机的产生和发展

1.1.1 计算机的产生

计算机的发展历程可以追溯到中国商朝时期的算珠和春秋战国时期的算筹。在唐宋时期,算盘广泛应用于商业和财务计算。16世纪,欧洲出现了计算圆图和对数计算尺等计算工具。1642年,法国物理学家布莱士·帕斯卡(Blaise Pascal)发明了齿轮式加法器,它可以进行加减运算。1822年,英国剑桥大学教授查尔斯·巴贝奇(Charles Babbage)提出了"自动计算机"的概念,并于1834年设计成一台分析机,它可以进行一般的计算和数据存储。

20世纪40年代,电子计算机的诞生开创了计算机历史的新时代。1944年,美国哈佛大学霍华德·海撒威·艾肯(Howard Hathaway Aiken)设计、国际商业机器公司(International Business Machines Corporation,简称IBM)制造的Mark I计算机投入运行。1946年1月,美国宾夕法尼亚大学的约翰·威廉·莫奇利(John William Mauchly)和约翰·普雷斯普尔·埃克特(John Presper Eckert)主持研制出世界上第一台电子数字计算机埃尼阿克(Electronic Numerical Integrator And Calculator,简称ENIAC)。ENIAC使用了大量真空管,它的体积很大,功耗也很高。不过,ENIAC的问世标志着电子计算机时代的到来,使计算机从机械和电子的结合向全电子化发展。同时,ENIAC的出现也推动了计算机技术的发展和应用。

1950年，冯·诺依曼计算机的诞生标志着现代计算机的开端。冯·诺依曼计算机使用了存储程序的思想，这种思想将程序和数据存储在同一存储器中，并使用计算机来执行程序。这种设计方法提高了计算机的可编程性和灵活性。冯·诺依曼计算机的出现对计算机的发展产生了深远的影响，直至今日，现代计算机的基本架构和设计仍然遵循冯·诺依曼计算机的基本思想。

计算机的发展历程是一个不断创新和进步的历程。从古代的算珠、算盘，到机械式计算器、电子计算器，再到ENIAC、冯·诺依曼计算机和现代计算机的出现，计算机技术经历了一个漫长而又不断发展的历程。在这个过程中，计算能力不断提升，极大地改变了人们的生产生活。

1.1.2 计算机的发展

计算机作为现代社会不可或缺的重要工具，其发展经历了多个阶段，不断推动着科技进步。本书将从1946年至今，分别介绍计算机发展的五个阶段及非冯·诺依曼计算机的发展。

1. 第一代计算机（1946—1958年）

1946年1月，美国宾夕法尼亚大学的莫奇利和埃克特主持研制成世界上第一台电子数字计算机ENIAC。该机采用了电子管作为开关元件，用电子元件代替机械式元件，其运算速度大大超过了以前机械计算器，标志着计算机时代的开始。此后，又出现了一系列采用电子管元件的计算机，如美国哈佛大学的马克一型计算机、英国曼彻斯特大学的曼彻斯特一号计算机等。这一阶段计算机的特点是使用电子管元件，主存储器容量较小，运算速度相对较慢，操作系统较为简单。

2. 第二代计算机（1959—1964年）

20世纪50年代后期，晶体管的发明与应用，使计算机元器件由电子管向晶体管转变，计算机逐步进入第二代。1959年，IBM公司推出了第一台采用晶体管的大型机——IBM 7090。晶体管具有可靠性高、寿命长、体积小等优点，它的应用极大地改进了计算机的性能。同时，为了提高计算机的性能和可靠性，采用了磁芯存储器代替了电子管存储器。这一阶段计算机的特点是使用晶体管元件，主存储器容量增大，运算速度有所提高，操作系统逐渐完善。

3. 第三代计算机（1964—1971 年）

20 世纪 60 年代，集成电路的发明与应用，使计算机元器件由晶体管向集成电路转变，计算机进入了第三代。1964 年，IBM 公司推出了 System/360 系列计算机，它是第一个支持多道程序设计的计算机系统，标志着计算机技术的飞跃。这一阶段计算机的特点是使用集成电路元件，主存储器容量和运算速度大幅度提升。

4. 第四代计算机（1971 年以后）

该时期的计算机主要特点是使用了大规模集成电路（Large Scale Integrated Circuit，简称 LSI）和超大规模集成电路（Very Large Scale Integrated Circuit，简称 VLSI）技术，将更多的电路集成到芯片上，大幅度提高了计算机性能，使计算机具有更快的处理速度和更高的存储容量。此时计算机开始使用虚拟存储器，通过硬件和操作系统的支持，将磁盘等外部存储设备作为主存储器的扩展，大幅度提高了计算机的存储能力。

5. 第五代计算机

第五代计算机主要特点是引入了人工智能技术，计算机可以模拟人类的思维和决策能力，实现语音识别、自然语言处理等高级功能，拥有更高的智能水平。此外，计算机还开始使用并行处理器和超级计算机等技术，大幅度提高了计算机的计算速度和性能。

除了以上提到的冯·诺依曼计算机之外，还出现了非冯·诺依曼计算机。它们采用了不同的数据处理方式和架构，比如数据流计算机、神经网络计算机等。这些非冯·诺依曼计算机可以处理特定类型的计算任务，有着广泛的应用前景。

1.2　计算机的类型、特点、性能指标与应用

1.2.1　计算机的类型与特点

按用途分类可分为通用计算机和专用计算机。通用计算机可以完成多种不同的计算任务，如个人电脑、工作站、服务器等。专用计算机是为特定的任务或应用领域而设计的计算机，如超级计算机、图形计算机、嵌入式系统等。

按计算机的规模和性能分类可分为超级计算机、大型计算机、中型计算机、小型计算机和微型计算机。超级计算机主要用于科学计算、天气预报、气象学、航空航天等领域，具有超强的计算能力和大规模数据处理能力。大型计算机主要用于企业、政府机构等大型组织内部的数据处理和管理，具有大规模存储、高速处理和可靠性等特点。中型计算机适用于中等规模的企业和组织，具有较高的处理速度和可靠性。小型计算机适用于小型企业、个人和家庭用户，具有价格低廉、易于使用的特点。微型计算机是指个人计算机，通常用于家庭和个人办公用。

按计算机数据处理方式可分为模拟计算机、数字计算机、模拟数字混合计算机。模拟计算机通过物理量的变化来模拟和计算实际问题，适用于连续变量的处理。数字计算机通过数值计算来解决问题，适用于离散变量的处理。模拟数字混合计算机结合了模拟计算机和数字计算机的优点，既可以处理连续变量，又可以处理离散变量。

目前人们生产生活中使用的都是电子计算机，电子计算机的特点有以下几个方面。

1. 高速计算能力

相比于传统的机械计算工具，电子计算机具有极高的计算速度和处理能力，能够在极短的时间内完成大量的数据处理和计算任务。

2. 可编程性

电子计算机可以通过编程方式进行控制和操作，使其能够处理不同类型和不同规模的数据，实现不同的功能和任务，具有很强的灵活性和适应性。

3. 存储能力

电子计算机可以通过存储器件存储大量的数据和程序，以便在需要时进行读取和处理。

4. 精度高

电子计算机能够精确地计算和处理数据，减少人为操作的错误和误差。

5. 可靠性高

电子计算机的硬件和软件都经过精心设计和测试，具有很高的稳定性和可靠性，可以长时间、连续地运行。

6. 自动化

电子计算机具有自动化控制和操作的特性，能够在人类干预下自主完成复杂的运算和处理任务，从而提高工作效率和质量。

7. 节省成本

电子计算机的使用成本较低，可以替代大量的人力和物力资源，减少企业和个人的成本开支。

1.2.2 计算机的主要性能指标

计算机的关键性能参数包括字长、运算速度、主频和存储容量等。

1. 字长

字长是计算机中基本的性能指标之一，它决定了计算机一次能处理的数据量的大小。字长一般指计算机中数据的位数，例如 32 位计算机中，一次能处理 32 位的数据，而 64 位计算机则可以一次处理 64 位的数据。字长越大，计算机处理数据的能力也就越强。

2. 运算速度

运算速度是计算机另一个重要的性能指标，它表示计算机在单位时间内能够完成的计算量。运算速度一般由时钟频率和 CPU 处理能力两个因素决定。时钟频率越高，计算机的运算速度也就越快，而 CPU 处理能力则取决于其架构和指令集等因素。

3. 主频

主频是指计算机 CPU 时钟的频率，也是计算机性能的重要指标之一。主频越高，CPU 时钟周期越短，计算机的运算速度也就越快。但需要注意的是，主频高并不代表计算机性能一定好，还需要考虑其他因素。

4. 存储容量

存储容量是指计算机可以存储数据的最大容量，包括主存储器和辅助存储器等。随着计算机应用场景的不断拓展和数据量的不断增加，存储容量的大小对计算机性能的影响也越来越大。

除此之外，计算机的性能指标还包括功耗、无故障率、电源电压和软件兼容性等。

1.2.3 计算机的应用与发展趋势

1. 计算机的应用

现代社会中，计算机应用较为普及，几乎无所不在。总结起来，主要包括以下几个方面。

（1）科学计算。计算机在科学研究中扮演着重要的角色，可以进行各种复杂的数值计算、模拟和仿真。例如，在天文学中，计算机可以进行星系模拟、行星轨道计算等；在生物学中，计算机可以进行蛋白质结构预测、基因序列分析等；在化学工程中，计算机可以进行反应动力学模拟、化学过程优化等。

（2）信息处理与办公自动化。计算机在信息处理和办公自动化领域中得到广泛应用。例如，计算机可以进行文字处理、电子表格制作、数据库管理等办公自动化任务，还可以进行图像处理、语音识别、自然语言处理等任务，这些都可以帮助人们更高效地完成信息处理任务。

（3）自动控制。计算机在自动控制领域中发挥着重要作用。例如，在工业自动化生产线中，计算机可以控制机器人的动作、监测各种传感器的输出、进行数据处理等；在航空航天控制中，计算机可以控制飞行器的导航、通信、自动驾驶等；在交通运输中，计算机可以控制智能交通信号灯、自动驾驶汽车等。

（4）互联网与通信。计算机在互联网和通信领域中得到广泛应用。例如，计算机可以实现电子邮件、在线聊天、网络电话等通信方式，使人们可以随时随地方便地进行沟通；在互联网上，计算机可以实现在线购物、网上银行、社交网络等各种应用。

（5）计算机辅助设计。计算机在工程设计中发挥着重要作用。例如，在建筑设计中，计算机可以进行建筑物模型的设计、结构分析等；在机械设计中，计算机可以进行零件的设计、装配分析等；在电路设计中，计算机可以进行电路模拟、布局设计等。

（6）辅助制造与测试。辅助制造是利用计算机和相关软件来控制机器、设备和工具等实现自动化制造的过程。辅助测试则是通过计算机和相关软件来进行数据采集和分析，以实现对制造过程和产品性能的控制和监测。这两个方面的应用可以提高制造效率、降低制造成本，同时能保证产品质量和可靠性。

（7）计算机辅助教学与远程教育。计算机辅助教学是指利用计算机技术和相关软件辅助教学，如教学演示、虚拟实验、多媒体课件等。远程教育则是利用计算机和互联网技术来进行教育活动，包括在线课程、视频会议、远程培训等。这两个方面的应用可以提高教学效率和质量，同时可以扩大教育覆盖范围，满足学习者的多样化需求。

（8）人工智能与机器人。计算机在人工智能与机器人方面的应用越来越广泛。随着机器学习、深度学习、自然语言处理等技术的不断发展，计算机已经可以完成很多人类认为只有人才能做到的任务，如图像识别、语音识别、自然语言处理等。同时，计算机在机器人领域中也得到了广泛的应用，如工业机器人、服务机器人、医疗机器人等。这些机器人的核心就是计算机，它们可以根据预设程序和传感器采集的数据完成各项工作。

（9）数字信号处理与智能仪器仪表。计算机在数字信号处理与智能仪器仪表方面的应用也非常广泛。数字信号处理技术已经成为许多领域的基础，如音频、视频、通信等。计算机可以通过数字信号处理技术实现对音频、视频等信号的处理和分析，从而提高信息的传输和处理效率。同时，智能仪器仪表也是计算机在工业、科研等领域中的重要应用之一，如智能化生产线、智能化实验室等。这些智能仪器仪表可以通过计算机对采集到的数据进行分析和处理，提高生产和科研的效率。

（10）云计算与大数据处理。云计算与大数据处理也是计算机在近年来快速发展的领域之一。随着互联网和物联网的普及，人们产生的数据量也越来越大，如何高效地存储和处理这些数据已经成为一个重要的问题。云计算通过虚拟化技术实现资源的共享和利用，可以有效提高计算机系统的利用效率。同时，大数据处理也是一个重要的应用领域，它可以通过计算机对大量数据进行分析和处理，从而得到更准确、更有用的信息，为决策提供支持。

除了上述的应用领域，计算机还被广泛应用到了交通运输、农业生产、国防、气象、公共安全等领域。

2. 计算机的发展趋势

计算机的发展趋势呈现出多样化的特点，主要包括巨型化、微型化、网络化、智能化、云计算和大数据处理等方面。

（1）巨型化。随着科技的进步，计算机硬件性能不断提升，超级计算机等巨型计算机设备应运而生，为高性能计算、科研及数据分析等领域提供强大的支持。

（2）微型化。计算机逐渐从庞大的机器缩小到个人桌面，甚至手中。智能手机、平板电脑等移动设备的出现，使计算机得以随时随地使用，便携性大大提升。

（3）网络化。互联网的发展促使计算机设备实现跨地域、跨平台的互联互通，实现资源共享与交流。互联网技术使信息传播速度更快、范围更广，推动了全球化进程。

（4）智能化。随着人工智能技术的突破，计算机具备了模拟人类思维、自主学习与判断的能力。智能化计算机可以应用于各行业，提高工作效率。

（5）云计算。通过分布式计算和资源共享，云计算技术实现了计算能力的集中与按需分配，降低了企业运维成本，提高了资源利用率。

（6）大数据处理。海量数据的产生与存储需要计算机进行高效处理。大数据技术使计算机能够快速分析与挖掘数据中的有价值信息，为决策提供重要支持。

在未来，计算机将更加注重生态环保和能源效率，以降低碳排放，实现可持续发展。此外，计算机将进一步融合虚拟现实、增强现实等技术，为人们提供更为沉浸式的体验，拓展在教育、医疗、娱乐等领域的应用。

1.3 计算机系统概述

1.3.1 硬件系统

计算机硬件系统是构成计算机的基本组成部分，其主要包括运算器、控制器、存储器、输入输出设备与适配器以及系统总线。下面将简要介绍这些组成部分。

1. 运算器

运算器是计算机中负责进行算术和逻辑运算的核心部件，通常包括算术逻辑部件（Arithmetic and Logic Unit，简称 ALU）和浮点处理单元（Floating-point Processing Unit，简称 FPU）。算术逻辑部件负责处理整数的加、减、乘、除运算以及逻辑运算，如与、或、非、异等。浮点运算单元主要负责处理实数的四则运算和其他高级数学运算，如开方、三角函数等。

2. 控制器

控制器是计算机系统中用于协调各个部件工作的关键部件。它负责指令的译码、执行、指令执行过程中的中断处理等。控制器通常包括程序计数器（Program Counter，简称 PC）、指令译码器（Instruction Decoder，简称 ID）和控制逻辑电路。指令计数器用于存储下一条要执行的指令地址；指令寄存器用于存储当前正在执行的指令；指令译码器用于解析指令，将其转换为控制信号；控制逻辑电路根据译码器生成的控制信号协调各部件的工作。

3. 存储器

存储器是计算机中负责存储数据和程序的部件。根据存储介质和工作原理，存储器可分为主存储器和外部存储器两种。主存储器通常包括随机存储器（Random Access Memory，简称 RAM）和只读存储器（Read-only Memory，简称 ROM）。RAM 用于存储运行中的程序和数据，具有易失性；ROM 用于存储固定的程序和数据，如启动程序（基本输入输出系统）等。外部存储器主要包括硬盘、固态硬盘、光盘、磁带等，用于长期存储大量的数据和程序。

4. 输入输出设备与适配器

输入输出设备是计算机系统中实现与外部环境交互的重要部件。输入设备主要包括键盘、鼠标、扫描仪、触摸屏等，用于将用户的操作和数据输入计算机系统；输出设备主要包括显示器、打印机、音响等，用于将计算机处理的结果以图形、文字或声音形式展示给用户。为了实现输入输出设备与计算机系统的连接，通常需要适配器来进行转换。适配器可以是内置于主板上的集成电路，也可以是插入到扩展插槽上的扩展卡。常见的适配器包括显卡、声卡、网卡、通用串行总线（Universal Serial Bus，简称 USB）控制器等。

5. 系统总线

系统总线是计算机硬件系统中实现各部件之间通信和数据传输的关键部件。总线按其功能可分为数据总线、地址总线和控制总线。数据总线用于在各部件之间传输数据；地址总线用于传输地址信息，指示数据传输的目的地；控制总线用于传输控制信号，协调各部件的工作。总线的宽度和传输速率直接影响计算机系统的性能。例如，32位地址总线能寻址的最大主存储器空间为4GB；数据总线宽度为64位时，每次传输的数据量是32位的两倍。

总之，计算机硬件系统主要包括运算器、控制器、存储器、输入输出设备与适配器以及系统总线这五个方面。这些组成部分相互协作，共同完成计算机的各种功能。随着技术的不断发展，计算机硬件系统也在不断地更新换代，为人类的生活和工作带来更多的便捷。

1.3.2 软件系统

计算机软件系统主要包括系统软件和应用软件两个方面。

1. 系统软件

系统软件是指管理和控制计算机硬件及软件资源的程序，包括操作系统、语言处理程序和支持软件。操作系统是计算机系统中最基本的系统软件，负责管理计算机的硬件资源、为应用程序提供运行环境、控制应用程序的执行等。常见的操作系统有视窗操作系统（Windows）、麦金塔操作系统（MacOS）、Linux等。语言处理程序包括编译器、解释器等，它们将高级程序设计语言编写的源代码转换成计算机可以执行的机器语言。支持软件包括数据库管理系统、网络通信软件等，用于辅助操作系统和应用软件完成各种任务。

2. 应用软件

应用软件是针对特定任务和功能而开发的程序，如文本处理软件、图像编辑软件、音视频播放软件、计算机辅助设计软件等。这些软件直接为用户提供各种实用功能，帮助用户高效地完成各项任务。在计算机技术快速发展的今天，应用软件种类越来越多，能满足人们生活、工作和学习的多种需求。

1.3.3 指令与程序

计算机系统的指令与程序是计算机执行各种任务的基础。

1. 指令

指令是计算机的基本操作单元，是一种预先定义好的、具有特定功能的二进制代码。计算机能够识别和执行的指令集合称为指令系统。每个指令对应一种特定的操作，如数据传输、算术运算、逻辑运算、程序控制等。指令的主要作用是告诉计算机如何执行某个任务，实现对计算机硬件的控制和操作。

2. 程序

程序则是一组按照特定顺序排列的指令集合，用于完成特定的任务或解决特定问题。程序通常分为源程序和目标程序。源程序是由程序员用高级程序设计语言编写的代码，易于人类阅读和理解。目标程序是将源程序通过编译器或解释器转换成计算机可以识别的机器语言指令。程序的作用是实现对计算机的高级控制，使计算机能够自动、高效地完成各种任务。

指令和程序在计算机系统中具有重要意义。指令作为基本操作单元，实现对计算机硬件的控制；程序则通过有序组织指令，使计算机能够按照预定流程完成任务。二者共同构成了计算机系统的基础框架，为计算机的运行和应用提供了支持。

1.3.4 计算机系统的层次结构

早期的计算机是使用机器语言或汇编语言进行程序设计的。后来，随着软件技术的发展，人们使用各种高级语言编程，从而在不同的层面使用计算机。于是，产生了计算机系统的多层次结构，如图 1-1 所示。

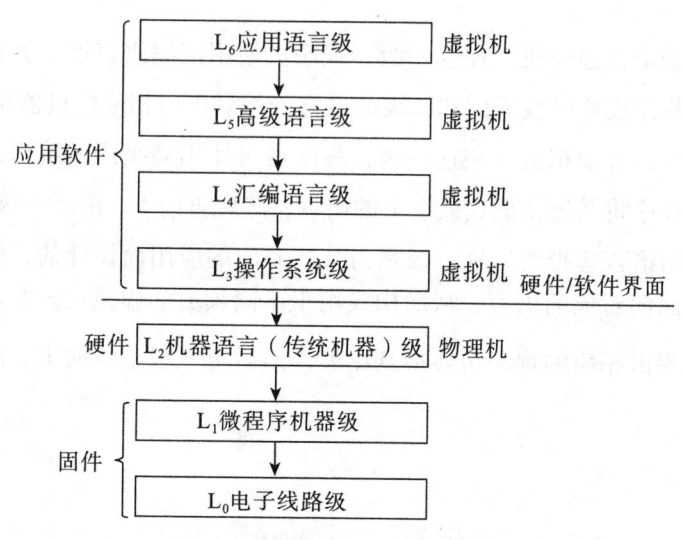

图 1-1 计算机系统的层次结构

图 1-1 中，每一层对应一种"机器"。为不同层次上的操作者使用。操作者通过该层的语言与"机器"对话，编程或者交流，而不必关心内层的结构和

工作过程，体现了一种被为"透明性"的特性。

L_0 和 L_1 是计算机的底层硬件，也称为固件，主要指中央控制器。其中 L_1 是微程序控制器。在这一级，程序员面对的是微指令集，通过用微指令设计的微程序来表示和实现机器语言指令的功能。每条机器语言指令对应一段微程序。L_0 由电子线路组成，用来执行微指令所确定的操作。

在早期的计算机中没有微程序控制器，在现在的精简指令集计算机（Reduced Instruction Set Computer，简称 RISC）中也不再设置微程序控制器，每一条机器语言指令直接由电子线路译码执行。

L_2 是机器语言级的机器，也称为物理机。在这一级，程序员面对的是机器语言。使用机器语言指令编程，来实现外部的功能要求。向下进入 L_1，通过执行微程序实现指令的功能。对于 RISC，机器语言指令直接由电子线路译码执行。

L_3 是操作系统虚拟机。在这一级，除了机器语言指令外，操作系统也提供自己的命令集，比如打开/关闭文件、读/写文件等。程序员主要使用操作系统的命令对机器进行操作，其功能由操作系统进行解释，因此称为操作系统虚拟机。

L_4 是汇编语言虚拟机。在这一级，程序员使用汇编语言指令编程。用汇编语言编写的程序需要转换成 L_3 和 L_2 级的语言，然后再由相应的机器执行。

L_5 是高级语言虚拟机。在这一级，程序员可使用高级语言编程，再由编译程序或解释程序将其转换成 L_3 或 L_4 上的语言，然后再向下，由下一级机器执行。

L_6 是应用语言虚拟机。这一级是为某些专门的应用而设计的，使用的是面向问题或者面向对象的语言，从而构成用于不同领域的虚拟机。在这一级编写的程序一般要由相应的程序包转换到 L_5 上，然后再一级一级向下，编译或者解释执行。

1.4 计算机系统结构概述

1.4.1 计算机系统结构的内涵

计算机系统结构是指计算机硬件和软件之间的接口,描述了计算机各个组成部分如何相互配合以完成计算任务。计算机系统结构涉及以下几个方面。

(1)指令系统。定义计算机所能识别和执行的指令集合,包括数据处理、传输、程序控制等各种操作。

(2)数据表示。描述计算机如何表示和处理各种数据类型,例如整数、浮点数、字符等。

(3)寻址规则。规定计算机如何根据指令中的地址信息访问存储器中的数据。

(4)寄存器结构。定义计算机中各种寄存器的功能、数量和组织方式。

(5)中断系统。提供一种在计算机执行过程中处理异常事件或优先任务的机制。

(6)工作状态的定义与切换。描述计算机在不同工作状态下的行为和状态之间的转换方法。

(7)存储系统。描述计算机存储器的层次结构、容量、访问速度和组织方式。

(8)信息保护。指计算机中用于确保数据安全和隐私的技术和机制。

(9)输入输出(input/output, I/O)结构。描述计算机与外围设备之间信息交换的方式和接口标准。

计算机系统结构涵盖了这些方面的内容,为计算机设计者和软件开发者提供了一个统一的框架,便于他们理解和掌握计算机的工作原理和性能特点。

1.4.2 计算机系统的组成与实现

计算机系统的组成与实现涉及两个关键方面:计算机系统结构的逻辑实现和计算机组成与实现。

1. 计算机系统结构的逻辑实现

计算机系统结构的逻辑实现它涉及指令集架构、数据表示、寻址模式、寄存器组织、中断机制等多个要素。指令集架构定义了计算机硬件能够执行的指令集合，数据表示规定了数据在计算机中的表现形式，寻址模式描述了如何访问数据存储位置，而寄存器组织规定了数据在处理器内部的存储方式。中断机制允许计算机在执行过程中响应外部事件，实现多任务处理和实时响应。

2. 计算机组成与实现

计算机组成与实现关注的是硬件设备和连接方式的设计。包括处理器、存储器、输入输出设备等硬件模块的设计和互联。处理器负责执行指令和运算，存储器提供数据存储功能，而输入输出设备负责与外部世界的交互。这些硬件模块通过系统总线相互连接，实现数据和控制信号的传输。

总的来说，计算机系统的组成与实现是一个相互关联的过程，需要不断地在各个层次和领域进行权衡和优化，以实现高性能、低成本和高可靠性的目标。

1.4.3 计算机系统结构的类型

Flynn 教授 1966 年提出了"流"分类法，他按照计算机中指令流（Instruction Stream）和数据流（Data Stream）的多倍性进行分类。按照 Flynn 的"流"分类法，计算机系统结构的类型可分为以下几种。

1. 单指令流单数据流（Single-instruction Stream Single-data Stream, 简称 SISD）计算机

SISD 计算机如图 1-2（a）所示。SISD 计算机结构是最早的计算机系统结构类型之一。该结构包括一个控制单元（Control Unit, 简称 CU）和一个处理单元（Processing Unit, 简称 PU），用于执行一条指令和一组数据。在 SISD 计算机中，指令和数据分别存储在不同的存储器单元中，CU 从指令存储器中获取指令并执行，然后将数据从数据存储器中取出并进行操作。这种计算机结构的优点是设计简单，易于实现。

CU 是 SISD 计算机结构中的核心部件。CU 从指令存储器中获取指令并将其解码，然后将解码后的指令传递给 PU。PU 执行指令并操作数据，将结果存储回 PU 中。CU 还控制计算机系统的时序，并根据需要调用其他部件来完成所需的操作。

PU 是 SISD 计算机结构中的存储器单元。PU 用于存储和操作数据，是计算机系统中重要的部件之一。PU 中的数据可以存储在主存储器或外部存储器中，CU 通过 PU 来读取和写入数据。

2. 单指令流多数据流（Single-instruction Stream Multiple-data Stream，简称 SIMD）计算机

SIMD 计算机如图 1-2（b）所示。SIMD 计算机结构是一种并行计算机结构，它包含一个 CU 和多个 PU，每个 PU 都执行相同的指令但操作不同的数据。在 SIMD 计算机中，指令从 CU 中传递到每个 PU，每个 PU 执行指令并操作它们的数据。这种计算机结构的优点是高效率，可同时操作多个数据，适用于特定类型的应用程序，例如图像和视频处理等。

CU 是 SIMD 计算机结构中的控制器。CU 负责将指令传递到每个 PU，每个 PU 在执行指令时可以独立操作自己的数据。CU 还协调每个 PU 的操作，并将每个 PU 的结果收集起来，最终形成一个完整的结果。

PU 是 SIMD 计算机结构中的处理器。PU 是独立的处理单元，可以同时执行相同的指令但操作不同的数据。在 SIMD 计算机中，PU 数量可以根据需要增加，以实现更高的并行性和计算速度。

3. 多指令流单数据流（Multiple-instruction Stream Single-data Stream，简称 MISD）计算机

MISD 计算机如图 1-2（c）所示。MISD 计算机结构包含多个 CU 和一个 PU，每个 CU 都执行不同的指令但操作相同的数据。在 MISD 计算机中，数据从 PU 传递到每个 CU，每个 CU 执行其独特的指令并操作它们的数据。这种计算机结构的优点是可处理多个指令。

CU 是 MISD 计算机结构中的控制器。CU 负责将数据从 PU 传递到每个 CU，并传递每个 CU 的指令。CU 还负责将每个 CU 的结果收集起来并形成最终结果。与 SIMD 计算机不同，MISD 计算机中的每个 CU 执行的指令是不同的。

PU 是 MISD 计算机结构中的存储器单元。PU 负责存储数据，并将其传递到每个 CU 中以执行操作。与 SISD 计算机不同，MISD 计算机中的 PU 可以同时向多个 CU 提供相同的数据。

4. 多指令流多数据流（Multiple-instruction Stream Multiple-data Stream，简称 MIMD）计算机

MIMD 计算机如图 1-2（d）所示。MIMD 计算机结构是一种多任务处理计算机结构，它包含多个 CU 和多个 PU，每个 CU 和 PU 都可独立执行不同的指令和操作不同的数据。在 MIMD 计算机中，每个 CU 和 PU 之间相互通信并独立执行其指令和数据操作。这种计算机结构的优点是可处理多个任务和数据，适用于复杂的应用程序，例如并行计算和高性能计算。

CU 是 MIMD 计算机结构中的控制器。CU 负责将指令传递到下一级的每个 CU 和 PU，并协调每个 CU 和 PU 的操作。CU 还负责将每个 CU 和 PU 的结果收集起来并形成最终结果。

PU 是 MIMD 计算机结构中的处理器。每一个 PU 都是独立的处理单元，可以同时执行不同的指令和操作不同的数据。在 MIMD 计算机中，每个 PU 都有自己的指令和数据，它们之间相互独立，并且可以与其他 PU 和 CU 通信以完成任务。

总的来说，不同的计算机系统结构类型具有不同的优点，可以根据应用程序的特定要求来选择最适合的结构类型。除了 CU 和 PU 之外，计算机系统结构还包括其他重要部件，如 I/O 控制器、主存储器控制器、时钟、总线等等。这些部件共同工作，以使计算机系统结构能够实现各种功能和任务。

除了上述四种计算机系统结构类型之外，还有一种常见的计算机结构，即超长指令字（Very Long Instruction Word，简称 VLIW）。VLIW 是一种将多个指令打包成一条长指令的计算机结构，通过并行执行这些指令来提高计算机系统的性能。每个 VLIW 可以同时包含多个操作码，因此可以并行执行多个指令。这种计算机结构适用于高性能计算和嵌入式系统等领域。

除了计算机系统结构类型和 VLIW 之外，还有一些其他的计算机结构和技术，如并行计算、超标量处理、多线程处理、GPU 等等。这些技术都旨在提高计算机系统的性能和效率，满足各种应用程序的需求。

计算机系统结构是计算机硬件组成的基本框架，不同的计算机系统结构类型和技术都有其优点。计算机系统结构的发展是持续不断的，随着技术的不断进步，计算机系统结构也将不断改进和升级，更好地满足各种应用程序的需求。

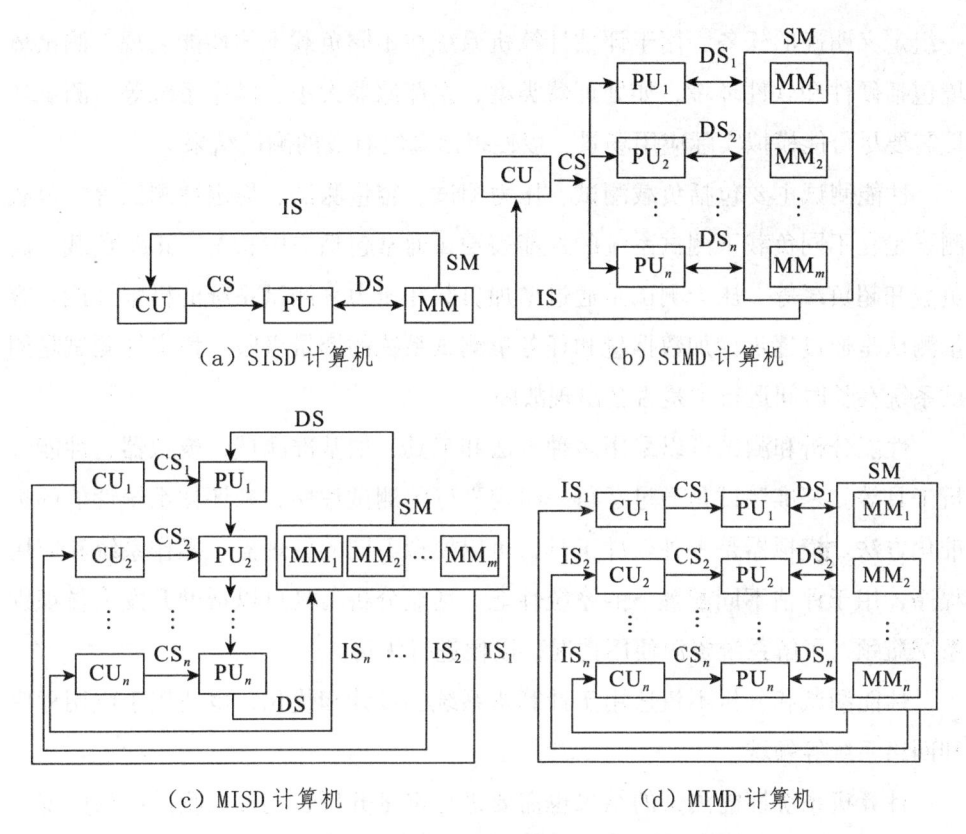

图 1-2 Flynn 的"流"分类法中 4 种类型的逻辑结构

1.4.4 计算机系统性能的定量分析与测试

计算机系统性能的定量分析与测试是评估计算机系统性能的一种方法。计算机系统的性能是指在特定负载和环境下，计算机系统能够处理的任务量或数据量，也可以定义为计算机系统的响应时间或吞吐量。计算机系统性能的定量分析和测试旨在评估计算机系统在不同负载和环境条件下的性能表现，为系统优化和性能提升提供依据。

性能分析和测试是计算机系统设计和优化过程中不可或缺的步骤。在计算机系统的设计和优化过程中，需要考虑多种因素，如处理器速度、主存储器带宽、I/O 带宽、存储器容量等，这些因素将直接影响系统性能。通过性能分析和测试，可以确定系统瓶颈和改进点，并提供优化建议。

在进行性能分析和测试之前，需要确定测试用例和测试环境。测试用例是一组定义明确的任务，用于评估计算机系统在不同负载下的性能表现。测试环境包括硬件和软件环境，如处理器类型、主存储器大小、操作系统等。测试环境需要尽可能模拟实际应用场景，以便得出真实有效的测试结果。

性能测试主要包括负载测试、压力测试、容量测试、稳定性测试等。负载测试是在不同负载下测试系统的性能表现，通常包括空闲状态、正常负载、高负载和超负载等。压力测试是通过增加负载和压力来测试系统的极限性能。容量测试是通过逐步增加数据量和任务量测试系统的容量极限。稳定性测试是测试系统在长时间运行中是否会出现故障。

性能分析和测试可以采用多种方法和工具，如基准测试、模拟器、性能分析工具等。基准测试是通过运行一组定义好的测试程序，来评估系统性能的标准化方法。模拟器是一种软件工具，可以模拟不同的处理器、操作系统和应用程序，用于评估不同配置下的系统性能。性能分析工具可以帮助开发人员识别系统瓶颈，了解系统资源使用情况，以便进行优化。

性能测试和分析不仅适用于计算机系统的设计和优化，也适用于应用程序和网络系统等领域。

计算机系统性能测试的结果也需要进行定量分析。通过对测试结果的统计分析，可以获得计算机系统在不同负载下的性能指标和性能瓶颈，为性能优化提供重要的参考。

在性能测试中，需要选择合适的性能指标来评估系统性能。一般来说，常用的性能指标包括响应时间、吞吐量、并发性能等。响应时间指系统处理请求所需的时间；吞吐量指单位时间内系统处理的请求数量；并发性能指系统能够同时处理的请求数量。

性能测试的结果需要进行定量分析，以便对系统进行性能优化。常用的分析方法包括平均值分析、极值分析、带宽分析等。平均值分析是对测试结果进行平均值计算和比较，可以用于评估系统的平均性能表现。极值分析则是对测试结果中的最大值和最小值进行分析，可以用于评估系统的极限性能表现。带宽分析则是对系统数据传输带宽进行分析，可以用于评估系统数据传输性能。

在性能测试和分析的过程中，还需要考虑一些其他因素。例如测试环境的选择、测试数据的设计、测试工具的选择等。同时，在进行性能测试和分析时也需要注意数据的准确性和可靠性，以确保测试结果的有效性和可信度。

总之，计算机系统性能的定量分析与测试是计算机领域中非常重要的研究方向。通过对计算机系统的性能进行测试和分析，可以评估系统的性能表现和性能瓶颈，为性能优化提供重要的参考。同时，在进行性能测试和分析时需要注意测试环境、测试数据、测试工具等因素，以确保测试结果的准确性和可靠性。

第2章 运算方法与运算器

2.1 数据的表示方法

计算机系统中涉及各种类型的数据，如文件、图片、表格、阵列、向量、实数、布尔数等。研究数据表示的方法主要是为了满足计算机硬件的需求，使这些数据可以被识别并直接被指令系统所调用。数据表示需要满足简单、易于被硬件识别的要求，可以包括拨入定点数、逻辑数、浮点数、十进制数、字符、字符串、向量等。

在数据表示中，数值型数据和字符型数据是最常见的两种数据类型。最广泛使用的数据表示方法是二进制码，它由 0 和 1 两个符号组成。选择这种数据表示方法的原因如下。首先，二进制码易于实现。计算机系统中的硬件可以很容易地处理二进制码，这种表示方法只需要两个符号，简单易懂。其次，二进制码的运算规则很简单，适合计算机系统的硬件进行逻辑运算和判断。例如，可以很方便地表示"是"或"否"、"真"和"假"等。最后，使用二进制码表示数据可以提高计算机系统中的运算效率和处理速度，因为这种表示方法使硬件可以直接读取数据，避免了翻译成其他格式的过程。

2.1.1 数值型数据表示方法

数值型数据表示方法是用来将数值转化为计算机可以理解的二进制数的过程。计算机系统中常用的数值型数据表示方法有定点表示法和浮点表示法。定点表示法将数值分为整数和小数两部分，然后将它们表示为固定位数的二进制数。而浮点表示法将数值表示为带有指数和尾数的二进制数。浮点表示法在科学计算和工程领域中应用广泛，可以表示非常大或非常小的数值，且具有较高的精度。

1. 定点数

定点数是指小数点位置固定的数。按照小数点的位置，定点数可以分为两种，一是定点小数，二是定点整数。

（1）定点小数。把小数点固定在数据某个位置上的小数称作为定点小数。从实用方面来说，把小数点固定在最高数据位的坐标，小数点前边再设置一位符号位。按照这个规则，所有小数都可以写成

$$N = N_s . N_{-1} N_{-2} \cdots N_{-m}$$

假如在计算机中有 $m+1$ 个二进制位表示上面的小数，则可以用最高一个二进制位表示符号，而用后面的 m 个二进制位表示该小数的数值。小数点可以不明确表示出来，因为它总是固定在符号位与最高数值位之间。定点小数的取值范围很小，对于用 $m+1$ 个二进制位的小数来说，其值的范围为

$$|N| \leqslant 1 - 2^{-m}$$

即小于 1 的纯小数。对于用户来说，采用定点小数进行计算是十分不方便的，因为在计算之前，必须把要用的数，通过合适的"比例因子"化成绝对值小于 1 的小数，并保证运算的中间结果和最终结果的绝对值都小于 1，在输出真正结果时，还要把计算的结果按相应比例加以扩大。

（2）定点整数。整数表示的数据的最小单位为 1，可认为它是小数点定在数值最低位右边的一种数据。整数又被分成为带符号和不带符号的两类。对于带符号的整数来说，符号位被安排在最高位。任何一个带符号的整数都可以被写成

$$N = N_s N_{n-1} \cdots N_2 N_1 N_0$$

对于用 $n+1$ 为二进制位表示的带符号的二进制整数，其值的范围为

$$|N| \leqslant 2^n - 1$$

对于不带符号的整数来说，所有的 $n+1$ 个二进制位均被视为数值，这时数值的范围为

$$0 \leqslant N \leqslant 2^{n+1} - 1$$

即原来的符号位被看成2^n的数值。有时也用不带符号的整数表示另外一些内容，此时它不再被理解为数值的大小，而被看成一串二进制位的某种组合。在很多计算机中，往往同时使用不同位数的几种整数，如用8位（字节）、16位（半字）、32位（字）或64位（双字）二进制位来表示一个整数，它们占用的存储空间和所表示的数值范围是不同的。

2. 浮点数

早期，计算机系统只有使用定点数对数据进行表示，这种计算机系统具有硬件结构简单的优点。

现在的计算机基本使用了浮点数据表示方法。下面介绍浮点数在机器的表示方法。

浮点数与定点数相反，它是小数点位置不固定的数据。它的表示形式如下：

$$N = M \cdot R^E$$

其中，M称为浮点数的尾数，R称为阶码的基数，E称为浮点数的阶码。计算机中一般规定R为2、8或16，是一个确定的常数，不需要在浮点数中明确表示出来。因此，要表示浮点数，一是要给出尾数M的值，通常用定点小数形式表示，它决定了浮点数的数据精度，即可以给出的有效数字的位数；二是要给出阶码，通常用整数形式表示，它指出的是小数点在数据中的位置，决定了浮点数的表示范围。浮点数也要有符号位。在计算机中，浮点数的表示方法如表2-1所示。

表2-1　浮点数的表示方法

M_s	E	M

其中，M_s是尾数的符号位，即浮点数的符号位，安排在最高一位；E是阶码，紧跟在符号位之后，占用m位，其中包含一位阶码的符号位；M是尾数，在低位部分，占用n位。

3. 十进制的编码与运算

十进制数的每一个数位的基为10，但到了计算机内部，出于存储与计算方便的目的，必须采用二进制码对每个十进制数位进行编码，所需要的最少的二进制码的位数为$\log_2 10$，取整数为4。4位二进制码有16种不同的组合，怎样从中选择出 10 个组合表示十进制数位的 0～9，有非常多的可行方案，下面介绍其中最常用的几种方案。

（1）有权码。权是指表示一个十进制数位的 4 位二进制码的每一位有确定的位权。一般用 8421 码，即 4 个二进制码位的权从高向低分别为 8、4、2 和 1，使用二进制码的 00000001… 1001 这 10 个组合，分别表示 0～9 这 10 个数。这种编码的优点是这 4 位二进制码之间满足二进制的进位规则，而十进制数位之间则是十进制规则，因此这种编码称为二进制编码的十进制（Binary Coded Decimal，简称 BCD）数。另一个优点是在数字符的美国信息交换标准代码（American Standard Code for Information Interchange，简称 ASCII）与这种编码之间的转换方便，即取每个数字符的 ASCII 码的低 4 位的值便直接得到该数字的 BCD 码，I/O 操作非常简便。

如果两个 8421 码数相加之和等于或小于 1001，即十进制的 9，不需要修正，下面举例说明。

例 2.1　$(1)_{10}+(7)_{10}=(?)_{10}$

解：

$$\begin{array}{r} 0001 \\ +0111 \\ \hline 1000 \end{array}$$

$$(1)_{10} + (7)_{10} = (8)_{10}$$

1+7 = 8 的运算结果是正确的，不必修正。

例 2.2　$(3)_{10}+(9)_{10}=(?)_{10}$

解：

$$\begin{array}{r} 0011 \\ +1001 \\ \hline 1100 \\ +0110 \\ \hline 10010 \end{array}$$

$(3)_{10} + (9)_{10} = (12)_{10}$ 加 6 修正

3+9 的结果需要加 6 修正，进位是在修正过程中产生的。

另外几种有权码，如 2421、5211、4311 码，如表 2-2 所示，也都是用 4 位有权二进制码表示一个十进制数位，但这 4 位二进制码之间并不符合二进制规则。

表 2-2　4 位有权码

十进制	8421 码	2421 码	5211 码	4311 码
0	0000	0000	0000	0000
1	0001	0001	0001	0001
2	0010	0010	0011	0011
3	0011	0011	0101	0100
4	0100	0100	0111	1000
5	0101	1011	1000	0111
6	0110	1100	1010	1011
7	0111	1101	1100	1100
8	1000	1110	1110	1110
9	1001	1111	1111	1111

（2）无权码。无权码又称为无符号码或自然码，是一种数字编码方式。在无权码中，所有数值都采用二进制位表示，并且最高位是数值的符号位，即 0 表示正数，1 表示负数。由于符号位占用了编码位数的一位，因此无权码只能表示一定范围的数值。比如采用 3 码执行加法运算的规则如下。

①对两个数的符号位进行比较，如果相同则进行加法，不同则进行减法。

②将两个数的绝对值用二进制表示，并将它们的小数点对齐。

③从小数点后面的位数开始，对每一位进行加法或减法，并将结果保存到对应位上。

④如果有进位，则将进位的 1 加到下一位计算的结果中。

⑤如果有借位，则从高位向低位借位，并将借位的 1 加到下一位计算的结果中。

⑥如果最高位有进位，则结果溢出，需要进行进位处理。

例 2.3　$(21)_{10} + (75)_{10} = (?)_{10}$

解：

$$
\begin{array}{r}
0101\ 0100 \\
+1010\ 1000 \\
\hline
1111\ 1100 \\
-0011\ 0011 \\
\hline
1100\ 1001
\end{array}
$$

$(21)_{10} + (75)_{10} = (?)_{10}$

减 3 修正，结果为余 3 码。

格雷码是一种常用的二进制编码方法，其编码特点是使任意两个相邻的编码状态只有一位二进制位不同，而其他三个二进制位必须相同。因此，格雷码可以有多种编码方式。相较于其他编码方式，格雷码的优点在于它转换到相邻编码时只需要变换一位二进制位的状态，这可以使译码波形更加稳定，从而在模拟到数字和数字到模拟转换电路中获得更好的运行效果。此外，格雷码也称为循环码，可以用来表示十进制数的状态，具有广泛的应用。对于用 4 个二进制位的格雷码来表示 1 位十进制数的 10 个状态，可以有多种方案。表 2-3 给出余 3 码和一种格雷码编码值。

表 2-3　4 位无权码

十进制	余 3 码	格雷码
0	0011	0000
1	0100	0001
2	0101	0011
3	0110	0010
4	0111	0110
5	1000	1110

续　表

十进制	余3码	格雷码
6	1001	1010
7	1010	1000
8	1011	1100
9	1100	0100

2.1.2 字符数据的表示方法

1. ASCII

ASCII 是一种广泛使用的字符编码标准，用于在计算机系统中对文本字符进行编码。它包含了大写字母、小写字母、数字、标点符号、空格以及一些控制字符，如表 2-4 所示。ASCII 的字符集中包含了 128 个字符，这些字符使用 7 个二进制位表示，从 0000000 到 1111111。其中，前 32 个字符为控制字符，用于控制计算机的各种操作，如换行、退格、清屏等。后 96 个字符包含了所有常见的英文字符和一些特殊字符。

ASCII 最初是在 1960 年代开发的，用于在计算机之间传输文本数据。它成为流行的字符编码标准之一，并被广泛应用于计算机系统中的各种应用程序，如文本编辑器、数据库、网页浏览器等。由于 ASCII 只包含 128 个字符，无法满足其他语言的字符需求，因此后来出现了许多其他字符编码标准，如 Unicode、GBK 等。

表 2-4　ASCII

$b_3b_2b_1b_0$	$b_6b_5b_4$							
	000	001	010	011	100	101	110	111
0000	NUL	DLE	SP	0	@	P	`	p
0001	SOH	DC1	!	1	A	Q	a	q

续 表

$b_3b_2b_1b_0$	$b_6b_5b_4$							
	000	001	010	011	100	101	110	111
0010	STX	DC2	"	2	B	R	b	r
0011	ETX	DC3	#	3	C	S	c	s
0100	EOT	DC4	$	4	D	T	d	t
0101	ENQ	NAK	%	5	E	U	e	u
0110	ACK	SYN	&	6	F	V	f	v
0111	BEL	ETB	'	7	G	W	g	w
1000	BS	CAN	(	8	H	X	h	x
1001	HT	EM	)	9	I	Y	i	y
1010	LF	SUB	*	:	J	Z	j	z
1011	VT	ESC	+	;	K	[	k	{
1100	FF	FS	,	<	L	\	l	|
1101	CR	GS	—	=	M	]	m	}
1110	SO	RS	.	>	N	↑	n	~
1111	SI	US	/	?	O	↓	o	DEL

2. 汉字编码

汉字编码是为了让计算机能够识别和处理汉字而产生的一种编码方式。汉字编码包括汉字级内码、汉字输入码、汉字字形码三个方面。

（1）汉字级内码。汉字级内码是汉字在计算机内部表示的编码方式，它是汉字编码的核心。在汉字级内码中，每个汉字都有一个唯一的编码，这使计算机可以识别和处理汉字。常用的汉字编码方式是 GB2312 和 GB18030，其中 GB18030 可以处理更多的汉字和字符。

（2）汉字输入码。汉字输入码是为了方便人们在计算机上输入汉字而产生的编码方式。常用的汉字输入码有拼音码、五笔码和注音码等。拼音码是按照汉字的发音来输入的，它比较容易学习和使用，但输入速度较慢；五笔码则是按照汉字的笔画来输入的，输入速度快但难度较大；注音码则是按照汉字的注音来输入的。

（3）汉字字形码。汉字字形码是为了让计算机能够识别汉字的形状而产生的编码方式。汉字字形码主要有两种，一种是笔画顺序码，它是按照汉字的笔画顺序来编码的，可以用于汉字的识别和输入；另一种是汉字区位码，它是按照汉字在康熙字典中的位置来编码的，适用于一些老式的计算机和软件系统。图2-1为16×16点阵汉字。

图2-1 16×16点阵汉字

2.2 二进制数据的编码及加减运算

2.2.1 原码表示法

机器数的最高位为符号位，0表示正数，1表示负数，数值位跟随其后，并以绝对值的形式给出。这是与真值最接近的一种表示形式。

下面给出原码的定义：

$$[X]_{原} = \begin{cases} X & (0 \leqslant X < 1) \\ 1-X & (-1 < X \leqslant 0) \end{cases}$$

即

$$[X]_{原} = 符号位 + |X|$$

例 2.4 $X = +0.1001$，则 $[X]_{原} = 0.1001$；$X = -0.1001$，则 $[X]_{原} = 1.1001$。由于定点小数的小数点位置已默认在符号位之后，书写时也可将其省略。如：

$$X = +0.1011，则 [X]_{原} = 01011；X = -0.1011，则 [X]_{原} = 11011$$

零的真值有 +0 和 -0 两种表示形式，在原码中，真值零有两种不同的表示形式：

$$[+0]_{原} = 0.0000，[-0]_{原} = 1.0000$$

数据的原码与真值之间的关系比较简单，其算术运算规则与十进制运算规则类似，当运算结果不超出机器能表示的范围时，运算结果仍以原码表示。当两个数相加时，先要判断两个数的符号，如果两个数是同号，则相加；两个数是异号，则相减。而进行减法运算又要先比较两个数绝对值的大小，再用大绝对值减去小绝对值，最后还要确定运算结果的正负号。下面要介绍的用补码表示的数据在进行加减运算的方法。

2.2.2 反码表示法

机器码的最高位为符号位，0 表示整数，1 表示负数，数值位跟随其后。反码的定义：

$$[X]_{反} = \begin{cases} X & (0 \leqslant X < 1) \\ 2 - 2^{-n} + X & (-1 < X \leqslant 0) \end{cases}$$

即

$$[X]_{反} = (2 - 2^{-n}) \times 符号位 + X \quad [\text{mod}(2 - 2^{-n})]$$

其中 n 为小数点后的有效位数。当 X 为正数时，$[X]_{反} = [X]_{原}$；当 X 为负数时，保持 $[X]_{原}$ 符号位不变，而将数值部分取反。

例 2.5 设 $X = +0.0010$，则 $[X]_{反} = 0.0010$；$X = -0.0010$，则 $[X]_{反} = 2 - 2^{-4} + (-0.0010) = 1.1101$。

反码运算时以 $2 - 2^{-n}$ 为模，所以，当最高位有进位而丢掉进位（即 2）时，要在最低位加 1 或减 1。

例 2.6 设 $X = +0.1001$，$Y = -0.0101$，求 $[X+Y]_{反}$。

解：

$$[X]_{反} = 0.1001, \quad [Y]_{反} = 1.1010$$

$$[X+Y]_{反} = [X]_{反} + [Y]_{反} = [0.1001 + 1.1010]_{反} = [10.0011]$$

最高位有进位 1，所以 1 要丢掉，并要在最低位加 1，所以得

$$[X+Y]_{反} = 0.0100 \quad \left[\mod\left(2 - 2^{-4}\right)\right]$$

反码运算在最高位有进位时，要在最低位加 1，因此要多进行以此加法运算，增加了算法复杂性，又影响了速度，所以很少采用。

在反码表示中，真值零有两种表示形式

$$[+0]_{反} = 0.0000, [-0]_{反} = 1.1111$$

2.2.3 补码的表示法

机器数的最高位为符号位，0 表示整数，1 表示负数，数值位紧随其后。补码的定义如下：

$$[X]_{补} = \begin{cases} X & (0 \leqslant X < 1) \\ 2 + X = 2 - |X| & (-1 \leqslant X < 0) \end{cases}$$

$$[X]_{补} = 2 \times 符号位 + X \quad (\mod 2)$$

此处 2 是十进制数，即位二进制的 10。

在计算机中，运算器、寄存器、计数器等都有一定的位数限制，不能容纳无限大的数。当运算的结果超出了可表示的最大范围，就会发生溢出。溢出时产生的数值大小等于模（module）。模是一种处理溢出的方法，它将运算的结果对一个固定的数值取模，使结果一定在一定的范围内，以避免结果溢出。例如，

在一个16位二进制计算机中,最大的表示范围是2的16次方减1,如果在进行加法运算时结果超出这个范围,就会发生溢出,溢出时产生的值大小为模。

定点小数的溢出量是2,即以2为模。在算术运算中,自动舍弃溢出量的运算成为模运算。

例2.7 设$X = +0.1001$,求$[X]_补$。

解:

$$X = -0.1001,\ [X]_补 = 2 + X = 2 + (-0.1001) = 1.0111$$

在补码中,真值零的表示形式是唯一的,即

$$[0]_补 = [-0]_补 = 0.0000$$

这可根据补码定义计算如下:

当$X = +0.0000$时,$[+0]_补 = 0.0000$

当$X = -0.0000$时,

$[-0]_补 = 2 + X = 10.0000 + 0.0000 = 10.0000 = 0.0000 (\bmod 2)$。

当补码加法运算的结果不超出机器范围时,可得出以下结论:

(1)参加运算的两个数均用补码表示;

(2)符号位与数值为一起参与运算;

(3)$[X+Y]_补 = [X]_补 + [Y]_补$(mod 2),即两个数的补码直接相加;

(4)运算结果仍为补码。

下面举例来说明补码的加法法则。

例2.8 设$X = 0.1001$,$Y = 0.0100$,两个数均为整数,求$[X+Y]_补$。

解:

$$[X+Y]_补 = [0.1001 + 0.0100]_补 = [0.1101]_补 = 0.1101$$

$$[X]_补 + [Y]_补 = 0.1001 + 0.0100 = 0.1101$$

即

$$[X+Y]_补 = [X]_补 + [Y]_补 = 0.1101$$

例2.9 设$X = 0.1001$,$Y = -0.0100$,X为正,Y为负,求$[X+Y]_补$。

解：

$$[X+Y]_{补} = [0.1001+(-0.0100)]_{补} = 0.0101$$

$$[X+Y]_{补} = [0.1001-0.0100]_{补} = [0.0101]_{补} = 0.0101$$

$$[X]_{补} + [Y]_{补} = 0.1001 + [-0.0100]_{补} = 0.1001 + (2-0.0100)$$

$$= 2 + 0.0101 = 0.0101 \quad (\bmod 2)$$

即

$$[X+Y]_{补} = [X]_{补} + [Y]_{补} = 0.0101$$

例 2.10 设 $X = -0.1001$, $Y = 0.0100$, X 为负, Y 为正, 求 $[X+Y]_{补}$。

解：

$$[X+Y]_{补} = [-0.1001+0.0100]_{补} = [-0.0101]_{补} = 1.1011$$

$$[X]_{补} + [Y]_{补} = [-0.1001]_{补} + [0.0100]_{补} = 1.0111 + 0.0100 = 1.1011$$

即

$$[X+Y]_{补} = [X]_{补} + [Y]_{补} = 1.1011$$

例 2.11 设 $X = -0.1001$, $Y = -0.0100$, X、Y 均为负数, 求 $[X+Y]_{补}$。

解：

$$[X+Y]_{补} = [-0.1001+(-0.0100)]_{补} = [-0.1101]_{补} = 1.0011$$

$$[X]_{补} + [Y]_{补} = 1.0111 + 1.1100 = 10 + 1.0011 = 1.0011 \quad (\bmod 2)$$

即

$$[X+Y]_{补} = [X]_{补} + [Y]_{补} = 1.0011$$

以上 4 个例子包括 X、Y 各为正负数的各种组合，证实了当运算结果不超出机器所能表示的范围时，$[X+Y]_{补} = [X]_{补} + [Y]_{补}$。

根据补码加法公式可推出

$$[X-Y]_{补} = [X+(-Y)]_{补} = [X]_{补} + [-Y]_{补}$$

只要求得$[-Y]_{补}$，就可以把减法变为加法。

当补码减法运算的结果不超出机器范围时，可得出以下结论：

（1）参加运算的两个数均用补码表示；

（2）符号位与数值位仪器参与运算；

（3）$[X-Y]_{补}=[X]_{补}+[-Y]_{补}$（mod 2），即被减数与减数的机器负数相加；

（4）运算结果仍为补码。

2.2.4 整数的原码、反码、补码

与定点小数的编码方法类似，整数也可用于原、反、补码进行编码。

设整数$X=X_n\cdots X_2X_1X_0$，其中X_n为符号位，下面给出整数的3种编码的定义。

（1）原码

$$[X]_{原}=\begin{cases}X & (0\leqslant X<2^n)\\ 2^n-X=2^n+|X| & (-2^n<X\leqslant 0)\end{cases}$$

（2）补码

$$[X]_{补}=\begin{cases}X & (0\leqslant X<2^n)\\ 2^{n+1}+X=2^{n+1}-|X| & (-2^n\leqslant X<0)\end{cases}$$

（3）反码

$$[X]_{反}=\begin{cases}X & (0\leqslant X<2^n)\\ (2^{n+1}-1)+X & (-2^n<X\leqslant 0)\end{cases}$$

2.2.5 原码、补码、反码之间的相互转换

（1）将反码表示的数据转换成原码。转换方法：负数的符号位保持不变，数值部分逐位取反。

例2.12 设$[X]_{反}=0.1001$，求$[X]_{原}$和真值X。

解：已知$[X]_{反}=1.0011$，则$[X]_{原}=1.1100$，真值$X=-0.1100$。

（2）将补码表示的数据转换成原码。转换方法：利用互补的道路对补码再次求补即得到X的原码。

例2.13 设$[X]_{补}=0.1011$，求$[X]_{原}$和真值X。

解：已知$[X]_{补}=1.1011$，则$[X]_{原}=1.0101$，真值$X=-0.0101$。

（3）将原码表示的数据转换成补码。转换方法：负数的符号位保持不变，数值部分逐位取反后，最低位加1便得到负数的补码。即

$$[X]_{补}=[X]_{反}+2^{-n}$$

反码与补码的公式分别是

$$[X]_{反}=2-2^{-n}+X$$

$$[X]_{补}=2+X$$

2.2.6 移码表示法

移码通常用于表示浮点数的阶码。由于阶码是$n+1$位的整数，所以假定定点整数移码形式为$X_n\cdots X_2X_1X_0$时，移码的定义是

$$[X]_{移}=2^n+X \quad (-2^n\leqslant X<2^n)$$

当整数$X=+10001$时，$[X]_{移}=1.10001$；当负数$X=-10001$时，$[X]_{移}=2^5+X-10001=0.01111$。移码中的原点不是小数点，而是表示左边一位是符号位。显然，移码中符号位X_n表示的规律与原码、补码、反码相反。

2.3 定点二进制乘法运算

2.3.1 原码一位乘法

假设被乘数$[X]_{原}=X_0.X_1X_2\cdots X_n$，乘数$[Y]_{原}=Y_0.Y_1Y_2\cdots Y_n$，则

$$[X\cdot Y]_{原}=[X]_{原}\cdot[Y]_{原}=(X_0\oplus Y_0)|(X_1X_2\cdots X_n)\cdot(Y_1Y_2\cdots Y_n)$$

其中"|"表示把符号位和数值部分邻接起来。

例 2.14 $X = 0.1101$，设 $Y = 0.1011$，人工计算 $X \cdot Y$。

解：人工计算过程如下：

$$
\begin{array}{r}
0.1101 \\
\times 0.1011 \\
\hline
1101 \\
1101 \\
0000 \\
1101 \\
\hline
0.10001111
\end{array}
$$

即 $X \cdot Y = 0.10001111$。

上述运算过程与十进制乘法类似。从乘数 Y 的最低位开始，若这一位为"1"，则将被乘数 X 写下；若这一位为"0"，则写下全 0。然后再对乘数 Y 的高一位进行乘法运算，其规则同上，不过这一位乘数的权与最低位乘数的权不一样，因此被乘数 X 要左移一位。依此类推，直到乘数各位乘完为止。最后将它们加起来，便得到最后乘积 Z。

人们习惯的人工算法对机器并不完全适用，不能直接照搬。原因在于两个 n 位数相乘，乘积可能为 $2n$ 位，用被乘数左移的方法，则需要 $2n$ 位长的加法器，不仅不适于定点机的形式，而且必须设法将 n 个位积一次相加起来。为了简化结构，机器通常只有 n 位长，并且只有两个操作数相加的加法器。为此，必须修改上述乘法的实现方法。

机器的原码一位乘法做了如下修改。

（1）一般机器不能完成多个数据相加，只能同时进行两个数相加，因此得到一个相加数后与上次部分积相加，相加数只有两种情况：0 或被乘数。

（2）观察计算过程很容易发现，在求本次部分积时，前一次部分积的最低位，不再参与运算，因此可将其右移一位，相加数可直送而不必偏移。

（3）乘积的高位放在部分寄存器中，低位放在乘数寄存器中，两个寄存器同时移位。由乘数寄存器的最低位来控制相加数。

例 2.15 设 $X = 0.1101$，$Y = 0.1011$，求 $X \cdot Y$。

解：部分积取双符号位，计算过程如图2-2所示。

	部分积	部分积	被乘数：1101
	00 0000	1 0 1 1	
+X	00 1101		
	00 1101		
右移1位	00 0110	1 1 0 1 1（丢失）	个位运算
+X	00 1101		
	01 0011		
右移1位	00 1001	1 1 1 0 1（丢失）	十位运算
+0	00 0000		
	00 1001		
右移1位	00 0100	1 1 1 1 0（丢失）	百位运算
+X	00 1101		
	01 0001		
右移1位	00 1000	1 1 1 1 1（丢失）	千位运算
	乘积高位	乘积低位	

图2-2　部分积取双符号位的计算过程

$$X_0 \oplus Y_0 = 0，所以[X \cdot Y]_原 = 0.10001111。$$

图2-3为原码一位乘法的控制流程图。

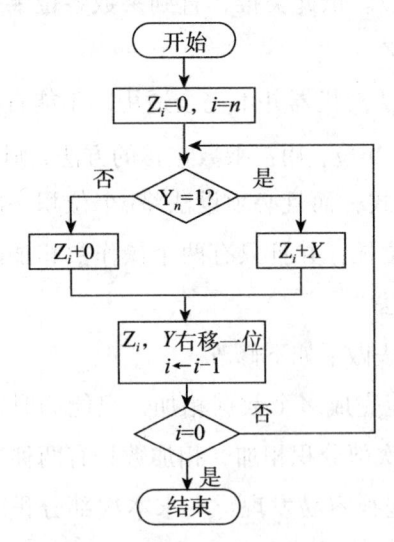

图2-3　原码一位乘法流程图

图2-4为实现原码一位乘法的硬件逻辑原理图。

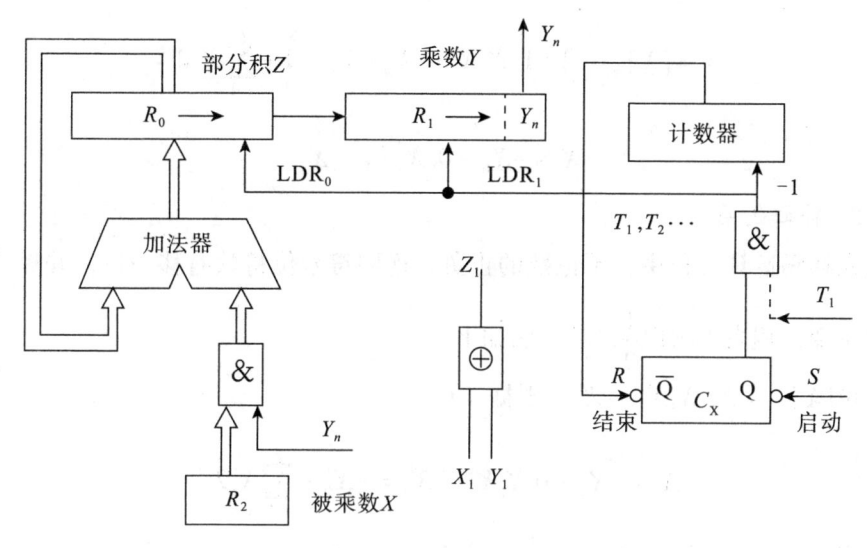

图 2-4 原码一位乘法的硬件逻辑原理图

2.3.2 补码一位乘法

原码乘法的一个主要问题是符号位不能参与运算，必须通过额外的异或门来计算乘积的符号位。为了让符号位参与运算，补码乘法应运而生。补码乘法的一个优点是，在使用补码表示数据的计算机中，可以直接使用补码乘法来计算乘积，而无须进行额外的编码转换。这种方法可以提高运算效率和计算机系统的性能。

为了得到补码一位乘法的算法，先从补码和真值的转换公式开始。

1. 补码与真值的转换关系

$$设\ [X]_{补} = X_0.X_1X_2 \cdots X_n,$$

当 $X \geqslant 0$ 时

$$[X]_{补} = 0.X_1X_2 \cdots X_n = \sum_{i=1}^{n} X_i 2^{-i} = X$$

当 $X < 0$ 时

$$[X]_{补} = 1.X_1X_2 \cdots X_n = 2 + X$$

所以

$$X = [X]_{补} - 2 = 1.X_1X_2\cdots X_n - 2 = -1 + \sum_{i=1}^{n} X_i 2^{-i}$$

$$X = -X_0 + 0.X_1X_2\cdots X_n$$

2. 补码的右移

在补码运算过程中，不论数的正负，连同符号位将数右移一位，并保持符号位不变，相当于乘以 $\frac{1}{2}$，其证明如下。

设 $[X]_{补} = X_0.X_1X_2\cdots X_n$，根据

$$X = -X_0 + 0.X_1X_2\cdots X_n = -X_0 + \sum_{i=1}^{n} X_i 2^{-i}$$

得

$$\frac{1}{2}X = -\frac{1}{2}X_0 + \frac{1}{2}\sum_{i=1}^{n} X_i 2^{-i} = -X_0 + \frac{1}{2}X_0 + \frac{1}{2}\sum_{i=1}^{n} X_i 2^{-i}$$

$$= -X_0 + \frac{1}{2}\left(X_0 + \sum_{i=1}^{n} X_i 2^{-i}\right) = -X_0 + \sum_{i=0}^{n} X_i 2^{-(i+1)}$$

$$= -X_0 + 0.X_0X_1X_2\cdots X_n$$

则

$$\left[\frac{X}{2}\right]_{补} = X_0.X_0X_1X_2\cdots X_n$$

3. 补码一位乘法

设被乘数 $[X]_{补} = X_0.X_1X_2\cdots X_n$，乘数 $[Y]_{补} = Y_0.Y_1Y_2\cdots Y_n$，则有

$$[X \cdot Y]_{补} = [X]_{补} \cdot \left(-Y_0 + \sum_{i=1}^{n} Y_i 2^{-i}\right)$$

即

$$[X \cdot Y]_{补} = [X]_{补} \cdot [Y]_{补}$$

证明如下。

(1)被乘数X符号任意,乘数Y符号为正。根据补码定义,可得

$$[X]_{\text{补}} = 2 + X = 2^{n+1} + X \ (\bmod 2)$$

$$[Y]_{\text{补}} = Y$$

所以

$$[X]_{\text{补}} \cdot [Y]_{\text{补}} = 2 + X \cdot Y = [X \cdot Y]_{\text{补}} \ (\bmod 2)$$

即

$$[X]_{\text{补}} \cdot [Y]_{\text{补}} = [X \cdot Y]_{\text{补}} \ (\bmod 2)$$

(2)被乘数X符号任意,乘数Y符号为负。

$$[X]_{\text{补}} = X_0.X_1X_2\cdots X_n$$

$$[Y]_{\text{补}} = 1.Y_1Y_2\cdots Y_n = 2 + Y \ (\bmod 2)$$

因为

$$Y = [Y]_{\text{补}} - 2 = 0.Y_1Y_2\cdots Y_{n-1}$$

所以

$$X \cdot Y = X(0.Y_1Y_2\cdots Y_n) - X$$

$$[X \cdot Y]_{\text{补}} = \left[X(0.Y_1Y_2\cdots Y_n)\right]_{\text{补}} + [-X]_{\text{补}}$$

又

$$(0.Y_1Y_2\cdots Y_n) > 0$$

$$\left[X(0.Y_1Y_2\cdots Y_n)\right]_{\text{补}} = [X]_{\text{补}} \cdot (0.Y_1Y_2\cdots Y_n)$$

所以

$$[X \cdot Y]_{\text{补}} = [X]_{\text{补}} (0.Y_1Y_2\cdots Y_n)_{\text{补}} + [-X]_{\text{补}}$$

(3)被乘数X和乘数Y符号任意。将(1)(2)两种情况综合起来,得到

补码乘法的统一算式，即

$$[X \cdot Y]_\text{补} = [X]_\text{补} \left(0.Y_1Y_2\cdots Y_n\right)_\text{补} - [X]_\text{补} \cdot Y_0$$

$$= [X]_\text{补} \left(-Y_0 + 0.Y_1Y_2\cdots Y_n\right)$$

为了推导出逻辑实现的分步算法，将上式展开得到各项部分积累加的形式：

$$[X \cdot Y]_\text{补} = [X]_\text{补} \cdot \left[-Y_0 + Y_1 2^{-1} + Y_2 2^{-2} + \cdots + Y_n 2^{-n}\right]$$

$$= [X]_\text{补} \cdot \left[-Y_0 + \left(Y_1 - Y_1 2^{-1}\right) + \left(Y_2 2^{-1} - Y_2 2^{-2}\right) + \cdots + \left(Y_n 2^{-(n-1)} - Y_n 2^{-n}\right)\right]$$

$$= [X]_\text{补} \cdot \left[\left(Y_1 - Y_0\right) + \left(Y_2 - Y_1\right)2^{-1} + \cdots + \left(Y_n - Y_{n-1}\right)2^{-(n-1)} + \left(0 - Y_n\right)2^{-n}\right]$$

$$= [X]_\text{补} \cdot \sum_{i=0}^{n}\left(Y_{i+1} - Y_i\right)2^{-i} \quad (Y_{n+1} = 0)$$

式中：Y_{n+1} 是增设的附加位，初始值为 0。上式为部分积累加的形式。若定义 $[Z_0]_\text{补}$ 为初始部分积，$[Z_1]_\text{补}\cdots[Z_n]_\text{补}$ 依次为各步求得的累加并右移后的部分积，则上式可改写为接近于分步运算逻辑实现的递推关系：

$$[Z_0]_\text{补} = 0$$

$$[Z_1]_\text{补} = 2^{-1}\left\{[Z_0]_\text{补} + (Y_{n+1} - Y_n)[X]_\text{补}\right\}$$

$$[Z_2]_\text{补} = 2^{-1}\left\{[Z_1]_\text{补} + (Y_n - Y_{n-1})[X]_\text{补}\right\}$$

$$\vdots$$

$$[Z_n]_\text{补} = 2^{-1}\left\{[Z_{n-1}]_\text{补} + (Y_2 - Y_1)[X]_\text{补}\right\}$$

这种根据相邻两位比较结果决定运算操作的方法称为布斯（Booth）算法。

2.3.3 原码两位乘法

根据乘数每两位的取值情况，以此求出对应于该两位的部分积。此时，只需要增加少量逻辑电路，就可以使乘法速度提高一倍。

两位乘数有以下 4 种组合：

1.00——相当于 0·X，部分积右移 2 位；

2.01——相当于 1·X，部分积 +X，右移 2 位；

3.10——相当于 2·X，部分积 +2X，右移 2 位；

4.11——相当于 3·X，部分积 +3X，右移 2 位。

+3X 一般不能以此完成，解决方法如下：用 4X-X 来代替 +3X，本次运算 -X，4X 留到下一步执行，因为部分积已经右移了两位，到了下一步就变成了 +X。

原码两位乘所需要的硬件支持是加一个触发器 C 来记录是否欠一个 4X，则 C=1，否则 C=0。

2.3.4 阵列乘法

在科学计算中，乘法运算是全部算术运算操作中的 $\frac{1}{3}$，所以使用高速乘法部件可以提高计算速度和效率。传统硬件乘法器的设计使用了"串行移位"和"并行加法"的结合，减少了器件的使用。但是这种方法速度较慢，执行一次乘法的时间至少是执行一次加法时间的倍数，不能满足当前对高速乘法的需求。随着 LSI 的发展，高速单元阵列乘法器应运而生，提供了各种形式的阵列乘法器，提供了极快的计算速度，是科学和工程领域中不可缺少的计算机部件。这些阵列乘法器的设计和制造需要多方面的技术支持，包括电路设计、布局、制造和测试等。

为了进一步提高乘法运算速度，可采用类似于人工计算的方法，用图 2-5 所示的一个阵列乘法器完成 $X·Y$ 乘法运算 $(X=X_1X_2X_3X_4, Y=Y_1Y_2Y_3Y_4)$。阵列的每一行送入乘数 Y 的每一数位，而各行错开形成的每一斜列则送入被乘数的每一数位。图中每一个方框包括一个与门和一位全加器。该方案所用加法器数量很多，但内部结构规则性强，适于用 VLSI 实现。

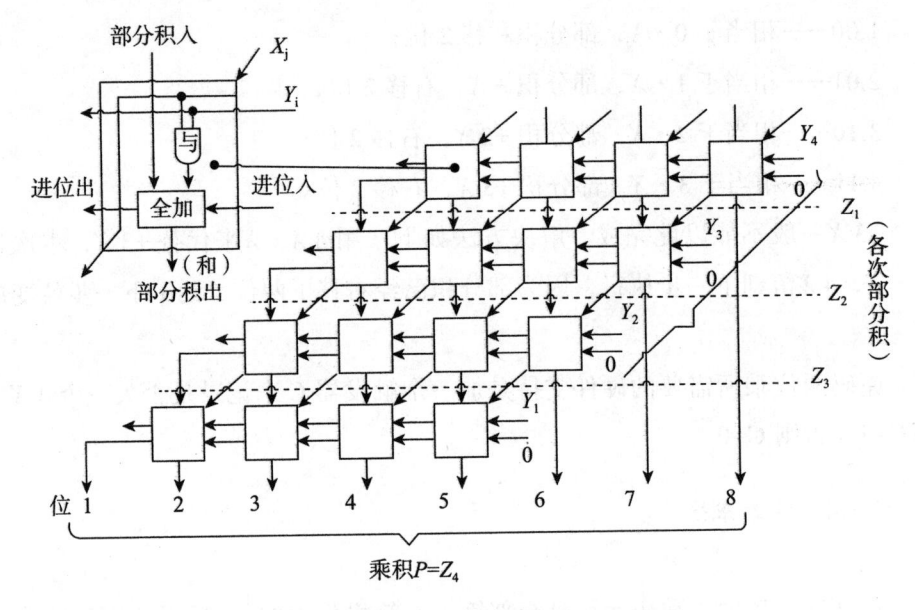

图 2-5 阵列乘法器

2.4 定点除法运算

在计算机中，除法运算是其中一个基本的运算。其有很多种除法运算的方法，比如原码除法、补码除法、跳 0 跳 1 和迭代法等，本节重点介绍原码除法和补码除法。

2.4.1 定点原码除法

两个原码表示的数相除时，商的符号由两个数的符号按位异或求得，商的数值部分由两数的数值部分相除求得。

被除数 $[X]_{原} = X_0.X_1X_2 \cdots X_n$，除数 $[Y]_{原} = Y_0.Y_1Y_2 \cdots Y_n$。则商 $Q = X/Y$，其原码为

$$[Q]_{原} = (X_0 \oplus Y_0) \cdot (X_1X_2 \cdots X_n / Y_1Y_2 \cdots Y_n)$$

式中：X_0 为被除数的符号位，Y_0 为除数的符号位。

商的符号运算 $Q_0 = X_0 \oplus Y_0$，与原码乘法一样。商的数值部分的运算实质上是两个正数求商的运算。

根据十进制除法运算方法，很容易得到二进制数除法的运算方法，区别在于，在二进制中，商的每一位不是"1"就是"0"，其算法更简单。商的数值部分的运算，由于定点小数的绝对值小于1，如果被除数大于或等于除数，则商就大于或等于1，因而会产生溢出，这是不允许的。因此，在执行除法之前，先要判别是否有溢出，无溢出时才执行除法运算，否则不进行，由程序进行处理。判别溢出的方法是被除数的绝对值减去除数的绝对值，若差为正，则表示商会有溢出。

原码一位除法有两种方法：恢复余数法和加减交替法。

1. 恢复余数法

例 2.16 $X = 0.1011$，$Y = 0.1101$，求 X/Y 的商和余数。

解：用人工计算法进行计算，商的位数与除数一致，计算过程如下：

$$\begin{array}{r}0.1101\\0.1101\overline{\smash{\big)}0.10110}\\1101\\\hline10010\\1101\\\hline10100\\1101\\\hline0111\end{array}$$

$X/Y = 0.1101$，余数为 0.0111×2^{-4}，商为正数。

人工进行二进制除法的规则是首先判断被除数与除数的大小，若被除数小，则上商 0，并在余数最低位补 0，再用余数和右移一位的除数比，若够除，则上商 1，否则上商 0。然后继续重复上述步骤，直到除尽（即余数为零）或已得到的商的位数满足精度要求为止。

右移除数，可以通过左移被除数（余数）来替代，左移出界的被除数（余数）的高位都是无用的 0，对运算不会产生任何影响，但是可以使加法器的位数和除数的位数一致。

上商 0 还是 1 是计算者用观察比较的办法确定的，而在机器运算时必须先做减法，如果余数为正，才知道够减；如果余数为负，才知道不够减。当不够减时必须恢复原来的余数，再继续往下运算，这种方法称为恢复余数法。

要恢复原来的余数，只要将当前的余数加上除数即可。

恢复余数的算法规则如下：

（1）从被除数中减去除数，第一次余数为正则产生溢出，停止运算，否则继续。

（2）当余数为负时，加除数，恢复原来的余数，然后余数左移一位，减去除数。如果余数为正，表示够减，商为 1；如果余数为负，表示不够减，商为 0，并需要恢复余数。

（3）重复步骤（2）直到 N 位商时，计算结束。

（4）求商和余数的符号。

2. 加减交替法

加减交替法的特点是在运算过程中如出现不够减，则不必恢复余数，根据余数符号，可以继续向下运算。这样运算时步数固定，控制简单。

加减交替法的规则：首先用被除数绝对值减去除数绝对值，判断差是正数还是负数，为正数时商为 1，余数左移一位，再减去除数绝对值来求下一位商；为负数时商为 0，余数左移一位，加上除数绝对值，然后余数左移一位。最后一步如果商为 0，为了得到正确的余数，应该恢复余数，即加上除数绝对值。

商的数值部分计算完了再求商和余数的符号。

加减交替法的规则证明如下：

第 $i-1$ 次求商后的余数为 R_{i-1}，下一次求商后的余数为 R_i，两者满足

$$R_i = 2R_{i-1} - |Y|$$

若 $R_i < 0$，则商为 0，恢复余数后左移一位，再减去 $|Y|$，得到新的余数 R_{i+1}，不必恢复余数，只要将 R_i 左移一位再加上 $|Y|$ 即得 R_{i+1}，然后再由 R_{i+1} 的正负决定上商的值是 1 还是 0。

2.4.2 定点补码除法

补码除法是一种计算机运算方式，使用补码表示被除数和除数，同时参考符号位和数值位进行运算，商的符号位和数值位也由统一算法得出。在补码除法中，被除数和除数必须进行大小比较，以确定商的符号和值。为了避免溢出，商的绝对值不能大于 1，即被除数的绝对值必须小于除数的绝对值。

第2章 运算方法与运算器

相比于原码除法，补码除法规则更为复杂。补码加减交替除法的算法规则如下：

（1）若被除数与除数同号，则被除数减去除数；若被除数与除数异号，则被除数加上除数。

（2）若余数和除数同号，则商为1，余数左移一位，下一次减去除数；若余数和除数异号，则商为0，余数左移一位，下一次加上除数。

（3）重复步骤（2），共进行 $n+1$ 次，直到商的数值部分有值。

补码除法是计算机中重要的运算方式，其算法规则需要多次运算和比较，但能够有效避免数据溢出和错误的计算结果。了解补码除法的原理和实现方法有助于更好地理解计算机系统中的数值运算过程。

图 2-6 为补码加减交替除法的算法流程图。

除法开始根据 $[X]_\text{补}$ 和 $[Y]_\text{补}$ 的符号位相同，$Q_0'=0$；如果 $[X]_\text{补}$ 和 $[Y]_\text{补}$ 的符号位不同，Q_0' 商 0，正好控制下次作加法，第一次一定不够减，才得到商的正确符号位 $Q_0=1$，以后按同样的规则运算下去。显然，第一次上的假商 Q_0' 只是为除法做准备工作，共进行 $n+1$ 步操作。最后，第一次上的商 Q_0' 移出商数寄存器，而需要的 $n+1$ 位商数则保留在商数寄存器中。

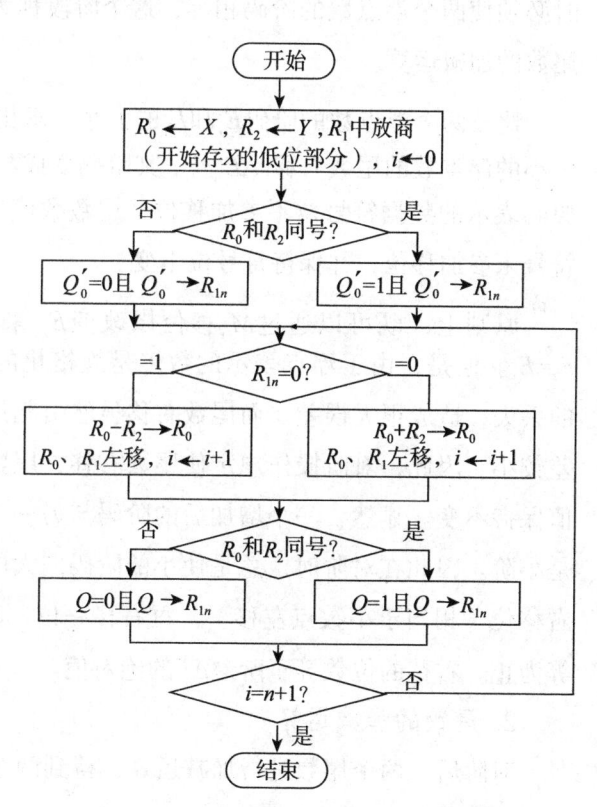

图 2-6 补码加减交替除法算法流程图

2.5 浮点运算

2.5.1 浮点加减运算

假设有两个浮点数 X 和 Y，计算 $X+Y$。$X=M_X \cdot 2^{E_x}$，$Y=M_Y \cdot 2^{E_y}$，$Y=M_Y \cdot 2^{E_y}$；X、Y 均为规格化数。

整个运算过程分为 5 个步骤，如下所示：

1. 对阶

两个浮点数进行加减运算时，首先要看两个浮点数的阶码是否相同，即小数点位置是否对齐。若两个浮点数的阶码相等，表示小数点是对齐的，就可进行尾数的加减；反之，若两个浮点数阶码不等，表示小数点位置没有对齐，此时必须使两个浮点数的阶码相等，这个阶段称为对阶。对阶完之后才能做两个尾数的加减运算。

比较两个浮点数的阶码 E_x 和 E_y 的大小，求出其差 ΔE 保留较大的阶码。把阶码小的浮点数的尾数右移 $|\Delta E|$ 位，其阶码变成与较大的阶码相等。尾数右移时，原码表示的数据符号位不参加移位，尾数数值部分高位补 0；补码表示的数据符号未参加移位，并保持符号位不变。

原则上，既可以通过 M_x 移位以改变 E_x 来达到 $E_x=E_y$，也可改变 E_y 来使 $E_x=E_y$。但是，由于浮点表示的数多是规格化的，尾数左移会引起最高有效位的丢失，造成很大误差。而尾数右移虽然引起最低有效位的丢失，但造成的误差较小。因此，对阶操作规定使尾数右移，尾数右移后使阶码相应增加，其数值保持不变。显然，一个增加后的阶码与另一个阶码相等，所增加的阶码一定是小阶。因此在对阶时，总是使小的阶码向大的阶码对齐，即小阶码的尾数向右移位（相当于小数点左移），每右移一位，其阶码加 1，直到两数的阶码相等为止。右移的位数等于阶差 ΔE 的绝对值。

2. 尾数的加减运算

对阶后，两个尾数进行加减运算，得到两个尾数的和/差。

3. 规格化

求和/差之后得到的数可能不是规格化的数，为了增加有效数字的位数，提高运算精度，必须将和/差的结果规格化。

规格化的目的是使位数部分的绝对值尽可能以最大值的形式出现，假设尾数的数值部分有 n 位，则规格化数的范围为

$$0.5 \leqslant \left|[M]_原\right| \leqslant 1-2^{-n}, \quad 0.5 \leqslant \left|[M]_补\right| \leqslant 1-2^{-n}$$

即规格化后的尾数

原码形式为 $0.1\times\times$ 或 $1.1\times\times$

补码形式为 $0.1\times\times$ 或 $1.0\times\times$

当进行补码浮点的加减运算时，只要对运算结果的符号位和小数点后的第一位进行比较。如果它们不相等，即 $[M]_补 = 00.1\times\times\cdots\times$ 或 $[M]_补 = 11.0\times\times\cdots\times$，就是规格化的数；如果它们相等，即 $[M]_补 = 00.0\times\times\cdots\times$ 或 $[M]_补 = 11.1\times\times\cdots\times$，就不是规格化的数，在这种情况下，需要尾数向左移位以实现规格化，称为向左规格化。

在进行浮点数的加减运算时，尾数求和/差结果的绝对值大于 1，向左破坏了规格化。此时，将尾数运算结果右移一位，阶码加 1 即可，称为向右规格化。

4. 舍入

在向右规格化时，尾数要向右移位，这样，被右移的尾数的低位部分会被丢掉，并且会影响数据精度，常用的舍入方法是：在运算过程中保留右移的位，最后对结果用 0 舍 1 入法进行处理，即被移走的最高位如果是 1 则把 1 加到尾数的低位，如果被移走的最高位是 0 则直接去掉。

5. 检查阶码是否溢出

浮点数的溢出是以其阶码溢出表现出来的。在加减运算过程中要检查是否产生了溢出。若阶码正常，加减运算正常结束；若阶码下溢，要置运算结果为浮点形式的机器零；若阶码上溢，则置溢出标志。

例 2.17 两个浮点数相加，已知 $X = 2^{010} \times 0.1101, Y = 2^{100} \times (-0.1010)$，$X$、$Y$ 均为真值，求 $X+Y$。

解：（1）对阶。

$$\left[E_x - E_y\right]_补 = \left[E_x\right]_补 + \left[-E_y\right]_补 = 00\,010 + 11\,100 = 11\,110$$

即 $E_x < E_y$，M_x 应右移 2 位，$E'_x = 00100$

$$[M_x']_{补} = 00\ 0011\ 01$$

（2）尾数相加。用补码的加法公式

$$[M_y]_{补} = 11\ 0110$$

$$[M_x + M_y]_{补} = [M_x]_{补} + [M_y]_{补} = 00\ 0011\ \underline{01} + 11\ 0110 = 11\ 1001\ \underline{01}$$

（3）规格化。尾数左规 1 位，$[M]_{补} = 11\ 0010\ \underline{10}$
阶码减 1，

$$[E-1]_{补} = [E]_{补} + [-1]_{补} = 00\ 100 + 11\ 111 = 00\ 011$$

（4）舍入。$[M]_{补} = 11\ 0010\ 10$，被舍弃的高位为 1，加到尾数的低位。

$$[M']_{补} = 11\ 0011$$

所以

$$M = -0.1101$$

（5）判断有无溢出。

$$[E]_{补} = 00011，无溢出$$

所以

$$X + Y = 2^{011} \times (-0.1101)$$

2.5.2 浮点乘除运算

1. 两个浮点数相乘

与浮点数的加减过程类似，浮点数的乘法也分为 5 个步骤。

（1）阶码相加。

（2）尾数相乘。

（3）规格化。

（4）舍入。

（5）判断阶码是否溢出。

例 2.18 已知：$X = 2^5 \times 0.1101, Y = 2^{-2} \times (-0.1011)$ 均为真值，求 $X \cdot Y$。
解：（1）阶码相加。用移码的加法公式计算：

$$[E_x + E_y]_{移} = [E_x]'_{移} + [E_y]_{补} = 01\ 101 + 11\ 110 = 01\ 011$$

（2）尾数相乘。用定点补码的乘法公式计算得：

$$[M_x \cdot M_y]_{补} = 1.0111\underline{0001}$$

（3）规格化。上面得到尾数符合规格化形式，所以不需要规格化。
（4）舍入。

$$[M_x \cdot M_y]_{补} = 1.0111$$

（5）判断溢出。无溢出，所以，

$$X \cdot Y = 2^{011} \times (-0.1001)$$

2. 两个浮点数相除

与浮点数的乘法过程类似，浮点数的除法也分为 5 个步骤。
（1）阶码相减。
（2）尾数相除。
（3）规格化。
（4）舍入。
（5）判断阶码是否溢出。

其做法与乘法运算类似，此处不再举例说明。

2.6 数据校验码

数据校验码有很多种，本节介绍 3 种常用的校验码：奇偶校验码、海明码和循环冗余校验（Cyclic Redundancy Check，简称 CRC）循环冗余校验码。

2.6.1 奇偶校验码

奇偶校验码是一种简单的错误检测方法，通常用于串行通信中。它的基本原理是通过添加一个奇偶校验位使数据位的总数为奇数或偶数，从而检测是否存在数据传输中的错误。奇偶校验码通常用于串行通信中，例如 RS232 串行通信、网络通信、存储介质等。

奇偶校验码的计算方法很简单，通常使用奇校验或偶校验两种方法。对于奇校验，如果数据位中的 1 的个数为偶数，则校验位为 1，否则为 0。对于偶校验，如果数据位中的 1 的个数为奇数，则校验位为 1，否则为 0。例如，假设数据位是 1011，校验位是奇校验，则需要在数据位后面添加一个奇校验位，使总共有 5 个 1，因此校验位应该是 0。

奇偶校验码虽然是一种简单的错误检测方法，但是为了更好地应用奇偶校验码，通常采用更高级的错误检测方法，例如 CRC 和海明码。这些方法能够检测出更多的错误，并且能够纠正一定数量的错误比特位。

奇偶校验码适用于低速、小数据量的通信环境。它的优点是简单易用，可以在许多不需要高精度的通信场景中使用。然而，在高速、大数据量的通信环境下，奇偶校验码的效率和准确性受到限制，需要采用更高级的错误检测方法来保证通信的准确性和可靠性。

2.6.2 海明码

海明码是由理查德·卫斯里·汉明（Richard Wesley Hamming）于 1950 年提出的。海明码的原理基于校验位的概念，其主要思想是将原始数据位转换为多个校验位和数据位的组合，从而可以检测和纠正多个比特错误。具体来说，海明码将原始数据位划分为多个组，每个组包含多个数据位和一个校验位。对于每个数据位，它都会参与多个校验位的计算。校验位的值是使每个组中所有位（包括校验位和数据位）的值都为偶数或奇数的值。

在发送数据时，海明码会将每个组的校验位和数据位按照规定的编码方式进行组合，并生成一组校验码。在接收端，海明码会对接收到的数据进行解码，并对数据进行检验和纠正。具体来说，接收端会将接收到的数据分为多个组，然后分别计算每个组的校验位，并比较计算结果和接收到的校验位的值。如果计算结果和接收到的校验位的值不一致，说明数据存在错误。接收端可以通过校验位的计算结果来确定出错的位置，并对数据进行纠正。

设有 r 位校验位，则共有 $0 \sim 2^{r-1}$ 个共 2^r 个组合。若用 0 表示无差错，则剩余

2^{r-1}个值表示有差错,并指出错在第几位。由于差错可能发生在k个数据位中或r个检验码中,因此有

$$2^r \geqslant r+k+1$$

数据位k与校验码r的对应关系如表 2-5 所示。

表 2-5 数据位k与校验码r的对应关系

k值	r值(最小)
1～4	4
5～11	5
12～26	6

k位数据位(D_i)与r位校验位(P_i)组成的为$H_m H_{m-1} \cdots H_2 H_1$编码规律,其中$m$是海明码的最高位。

(1)校验位与数据位之和为m,即$k+r=m$,P_i在海明码中的编号为2^{i-1},其余各位为数据位。

(2)海明码的每一位由多个校验位校验,被校验的每一位的位号等于校验该位的各个校验位的位号之和。

例 2.19　长度为一个字节的数据用海明码校验方法校验。

解：8 个二进制需要的校验位为 5 位,海明码的总长度为 13,用$H_{13}H_{12}\cdots H_2 H_1$表示;5 个校验位$P_5 \sim P_1$对应的海明码为$H_{13}$、$H_8$、$H_4$、$H_2$、$H_1$;即$P_5 D_8 D_7 D_6 D_5 P_4 D_4 D_3 D_2 P_3 D_1 P_2 P_1$。

出错的海明码位号和校验位位号的关系,如表 2-6 所示。

表 2-6 出错的海明码位号和校验位位号的关系

海明码号	数据位/校验位	参与校验的校验位位号	为校验的海明码位号等于校验位位号之和
H_1	P_1	1	1
H_2	P_2	2	2

续 表

海明码号	数据位/校验位	参与校验的校验位号	为校验的海明码位号等于校验位位号之和
H_3	D_1	1, 2	1+2
H_4	P_3	4	4
H_5	D_2	1, 4	1+4
H_6	D_3	2, 4	2+4
H_7	D_4	1, 2, 4	1+2+4
H_8	P_4	8	8
H_9	D_5	1, 8	1+8
H_{10}	D_6	2, 8	2+8
H_{11}	D_7	1, 2, 8	1+2+8
H_{12}	D_8	4, 8	4+8
H_{13}	P_5	13	13

P_1参与D_1、D_2、D_4、D_5和D_7的校验码，P_i的偶校验为

$$P_1 = D_1 \oplus D_2 \oplus D_4 \oplus D_5 \oplus D_7$$

$$P_2 = D_1 \oplus D_3 \oplus D_4 \oplus D_6 \oplus D_7$$

$$P_3 = D_2 \oplus D_3 \oplus D_4 \oplus D_8$$

$$P_4 = D_5 \oplus D_6 \oplus D_7 \oplus D_8$$

假如需要进一步判别1位错还是2位错，则再增加一个校验位P_5，使

$$P_5 = D_1 \oplus D_2 \oplus D_3 \oplus D_4 \oplus D_5 \oplus D_7 \oplus D_8 \oplus P_1 \oplus P_2 \oplus P_3 \oplus P_4$$

按如下关系对所得到的海明码实现偶校验：

$$S_1 = P_1 \oplus D_1 \oplus D_2 \oplus D_4 \oplus D_5 \oplus D_7$$

$$S_2 = P_2 \oplus D_1 \oplus D_3 \oplus D_4 \oplus D_6 \oplus D_7$$

$$S_3 = P_3 \oplus D_2 \oplus D_3 \oplus D_4 \oplus D_8$$

$$S_4 = P_4 \oplus D_5 \oplus D_6 \oplus D_7 \oplus D_8$$

$$S_5 = P_5 \oplus D_1 \oplus D_2 \oplus D_3 \oplus D_4 \oplus D_5 \oplus D_7 \oplus D_8 \oplus P_1 \oplus P_2 \oplus P_3 \oplus P_4$$

如果$S_1 \sim S_4$全为 0，则无错误，若$S_5 = 0$说明有偶数位出错。

图 2-7 中的H_{12}，H_{11}，…，H_1是被校验码，D_8，D_7，…，D_1是纠正后的数据，在线路中，先用奇偶形成线路得到S_4，S_3，S_2，S_1。如果S_4，S_3，S_2，S_1全为 0，说明被校验的数据没有错误，则D_8，D_7，…，$D_1 = H_{12}H_{11}H_{10}H_9H_7H_6H_5H_3$；如果$S_4$，$S_3$，$S_2$，$S_1$不全为 0，则说明被校验的数据有误。若为 1100，则表示H_{12}出错；若为 1011，则表示H_{11}出错。

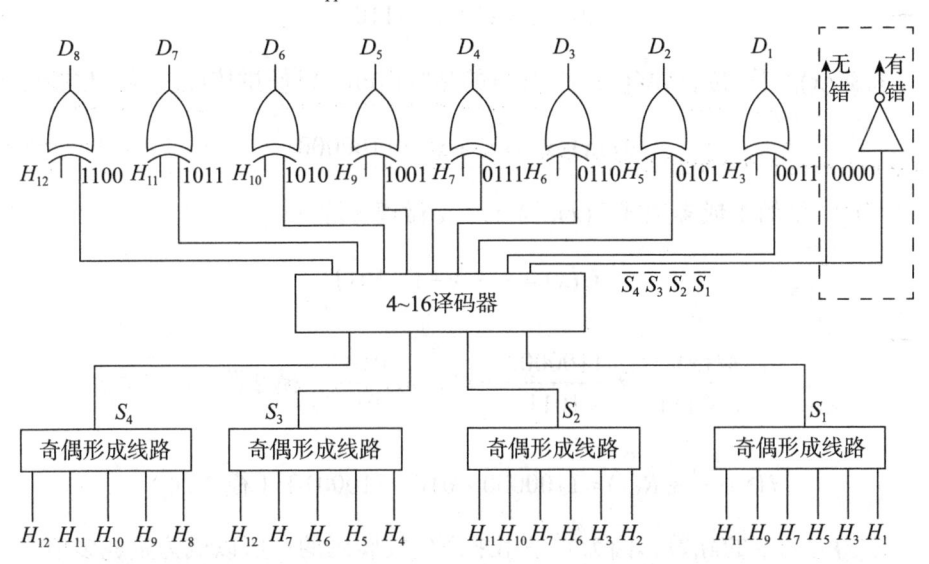

图 2-7 海明码校验线路

2.6.3 CRC

1. CRC 码的编码方法

首先，将要编码的k位有效信息为表达多项式$M(x)$，如下：

$$M(x) = C_{k-1}x^{k-1} + C_{k-2}x^{k-2} + \cdots + C_i x^i + \cdots + C_1 x + \cdots + C_0$$

其中，C_i为 0 或 1。

若将信息位左移r位，则可表示为多项式$M(x) \cdot x^r$。这样就空出r位，以便拼接r位校验位。

CRC 是用多项式$M(x) \cdot x^r$除以多项式$G(x)$，一般情况下得到一个商$Q(x)$和余数$R(x)$：

$$M(x) \cdot x^r + R(x) = Q(x) \cdot G(x)$$

显然，CRC 能被$G(x)$所除尽。

例 2.20 对思维有效信息（1100）作循环校验编码，求 3 个校验位的值，可选择生成多项式$G(x) = 1011$。

解：将要编码的n为位有效信息码组表示为多项式

$$M(x) = x^3 + x^2 = 1100$$

将$M(x)$左移r位，得$M(x) \cdot x^r$。其目的是空出r位，以便拼接r位余数（校验位）。

$$M(x) \cdot x^3 = x^6 + x^5 = 1100000$$

用$r+1$位的生成多项式$G(x)$对$M(x) \cdot x^r$做模 2 除

$$G(x) = x^3 + x + 1 = 1011$$

$$\frac{M(x) \cdot x^3}{G(x)} = \frac{1100000}{1011} = 1110 + \frac{010}{1011} \quad （模 2 除）$$

$$M(x) \cdot x^3 + R(x) = 1100000 + 010 = 1100010 \quad （模 2 加）$$

$G(x)$为约定的除数，因为它是用来产生校验码的，所以成为生成多项式。由于最后余数的位数比除数少一位，所以$G(x)$应取$r+1$位。

将左移r位后的待编有效信息与余数$R(x)$作模 2 加，即形成循环校验码：

$$M(x) \cdot x^3 + R(x) = 1100000 + 010 = 1100010$$

此处编好的循环校验码成为（7，4）码，即$k=7, n=4$，可向目标部件发送。

2. CRC 的译码与纠错

把收到的 CRC 码用约定的生成多项式$G(x)$去除，如果码字无误则余数应为 0，如果有某一位出错，则余数不为 0，不同位数出错余数不同。

如果循环码有一位出错，用 $G(x)$ 作模 2 除将得到一个不为 0 的余数。如果对余数补 0 后继续除下去。例如第 7 位出错，余数将为 001，补 0 后再除，第二次余数为 010，以后依次为 100、011，…，反复循环，这就是"循环码"名称的由来。利用余数循环的特点，在求出余数不为 0 后，一边对余数补 0 后继续除，同时让被检测的校验码字循环左移，这样可得每一位的纠错条件。

例如，当出现余数 101 时，出错位也移到 K_1 位置，可通过异或门将它纠正后在下一次移位时送回 K_7。继续移满一个循环（7，4 码需要移 7 次），就得到一个纠错后的码字。当数据位增多时，CRC 码能有效地降低硬件成本。

2.7 定点运算器的组成和结构

2.7.1 定点运算器的组成

运算器是计算机系统中的核心部件之一，其主要功能是进行算术逻辑运算。运算器的组成和结构根据计算机系统的性能要求和功能需求而异。基本组成包括 ALU、暂存器、通用寄存器堆、标志寄存器、内部总线和其他可选电路。其中，ALU 是核心部件，用于进行算术逻辑运算；暂存器用来存放参与运算的数据和运算结果，只对硬件设计者可见；通用寄存器堆用于存放程序中用到的数据，程序员可以访问；标志寄存器用于记录上次运算的状态；内部总线则是用于连接各个部件的信息通道。

ALU 是 CPU 的核心组件之一，其主要责任是执行所有的算术和逻辑运算。在大多数微处理器和计算机中，ALU 构成了其运算的核心。它可以处理基础的算术运算，例如加法、减法、乘法和除法，以及基础的逻辑运算，包括与、或、非和异或等。可以将 ALU 视为处理器中用来处理所有算术和逻辑运算的部分。ALU 的工作是对来自主存储器或输入设备的数据进行操作，并将处理结果返回到主存储器或输出设备。在某种意义上，ALU 可以被看作是计算机的"大脑"，因为它解码并执行来自 CPU 的指令。ALU 的操作类型主要分为两类：算术运算和逻辑运算。算术运算包括加法、减法、乘法、除法等。逻辑运算主要包括位运算（例如，与、或、非和异），比较运算（例如，大于、小于和等于），以及位移运算。在探究 ALU 的内部结构和组成，一个基本的 ALU 由一系列全加器组成，每个全加器都能处理一个比特的加法。这些全加器联合在一起，形成一个可以处理多比特运算的加法器。此外，还有控制逻辑，这些控制逻辑用于基于输入的指令来决定执行何种运算。例如，如果指令是执行加法，则控制逻辑会使加法器被激活。此外，ALU通常还包括一些附加的硬件，比如用于进行其他算术运算（如乘法和除法）的电路，以及各种状态寄存器，用于保存ALU的状态信息，例如上一次运算的结果，是否有溢出等。

根据不同的计算机系统需求，可选电路包括多路选择器、移位器、三态缓冲门等辅助电路。通过设计和优化运算器，可以提高计算机的运算速度和效率。

运算器是计算机中的一个重要组成部分，其设计和优化一直是计算机科学研究的关键领域。在进行定点运算器的设计过程中，确定各部件的功能和组织方式非常重要，这取决于多个因素。

1. 指令系统

指令系统是计算机系统中软硬件的交界面，提供了程序设计语言，也是硬件设计者的直接依据。指令系统的功能设置是运算器设计的关键因素，例如，如果指令系统中有乘除法指令，则需要配合控制器完成并行除法运算，或者通过移位器和加减法器完成串行架除运算。如果指令系统中没有乘除法指令，则运算器可以设计得更简单。

2. 机器字长

机器字长通常指运算器一次能够并行处理的数据位数，计算机的其他部件也按照机器字长来设计。因此，不同机器字长的计算机运算器并行运算数据位数不同。

3. 机器数及其运算原理

机器数及其运算原理即计算机采用何种机器数表示数据，以及在运算时采用何种算法来实现。这些因素直接影响运算器的设计方法。

4. 体系结构

根据计算机对速度、价格、性能等不同要求，计算机选择不同的体系结构，如总线结构的连接方式，可以分为单总线、双总线、三总线等几种。

因此，通过优化和设计运算器，可以提高计算机的运算速度和效率。在进行运算器设计时，需要考虑这些因素，并根据具体情况选择合适的设计方法，这对于提高计算机的功能很重要。

2.7.2 定点运算器的内部总线结构与通路

由于非总线结构的运算器、线路及控制信号繁多，因此运算器大多采用以下三种总线结构。

1. 单总线结构

单总线运算器结构框图如图 2-8 所示。单总线结构的运算器需要两个暂存器，按照暂存器设计的位置不同可分为两种形式。

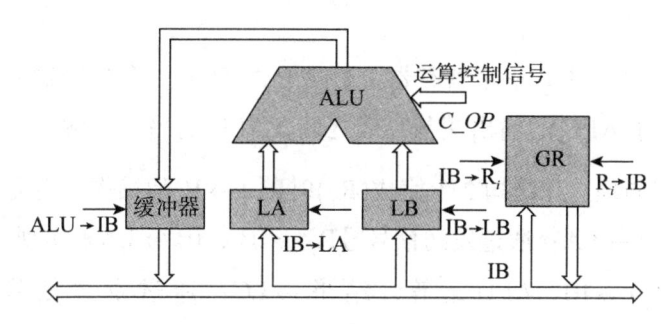

（a）单总线运算器的结构形式 1

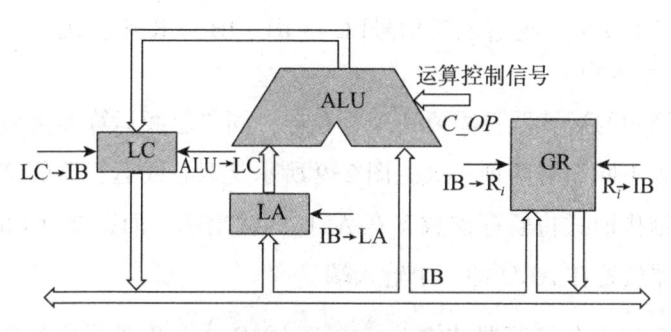

（b）单总线运算器的结构形式 2

图 2-8 单总线运算器的结构框图

在图 2-8（a）中，内部总线（Internal Bus，简称 IB）是内部总线，两个暂存器逻辑地址（Logical Address，简称 LA）、负载均衡（Load Balance，简称 LB）分别位于 ALU 的两个数据输入端，LA、LB 寄存器从总线上接收数据，ALU 运算功能由一组控制信号 COP 控制，运算的结果通过一个缓冲器送上总线。通用寄存器（General Register，简称 GR）包含若干个寄存器 R，它们直接挂在总线上，但是寄存器的数据输入一般由边沿信号（输入脉冲）控制，而数据输出一般由电平信号（输出使能）控制。注意，任何要把数据送上总线的总线源部件，其数据输出端必须以三态输出的形式与总线连接，并由使能信号控制；而对于某个总线系统来说，各个总线源部件的数据输出使能信号不能同时有效，即任何时刻只允许一个部件将数据送上总线，以保证分时享用总线。

在该结构上完成$(R_i)\theta(R_j) \rightarrow R_k$的操作需要3个步骤：

（1）$(R_i) \rightarrow$ LA：通过发送信号$R_i \rightarrow$ IB、IB $\rightarrow$ LA来实现。

（2）$(R_j) \rightarrow$ LB：通过发送信号$R_j \rightarrow$ IB、IB $\rightarrow$ LB来实现。

（3）ALU运算，结果$\rightarrow R_k$：通过发送信号$C\_OP(\theta)$、ALU $\rightarrow$ IB、IB $\rightarrow R_k$来实现。

在图2-8（b）中，一个暂存器LA位于ALU的一个数据输入端，另一个暂存器LC位于ALU的输出端与总线之间，ALU的另一个输入端直接从总线上接收数据。同理，在结构2上完成$(R_i)\theta(R_j) \rightarrow R_k$的操作，也需要3步。

（1）$(R_i) \rightarrow$ LA：通过发送信号号$R_i \rightarrow$ IB、IB $\rightarrow$ LA来实现。

（2）$(R_j) \rightarrow$ IB，ALU运算，结果$\rightarrow$ LC：通过发送信号$R_j \rightarrow$ IB、$C\_OP(\theta)$、ALU $\rightarrow$ LC来实现。

（3）(LC) $\rightarrow R_k$：通过发送信号LC $\rightarrow$ IB、IB $\rightarrow R_k$来实现。

2. 双总线结构

双总线结构的运算器只需要一个暂存器，同单总线运算器类似，根据暂存器设计的位置不同而有两种形式。图2-9所示是双总线运算器的结构框图，图2-9（a）的结构形式将暂存器放置在ALU的输出端，而图2-9（b）的结构形式则将暂存器放置在ALU的一个输入端。

在图2-9（a）的运算器结构上完成$(R_i)\theta(R_j) \rightarrow R_k$的操作需要两步。

（1）$(R_i) \rightarrow$ IB1，$(R_j) \rightarrow$ IB2，ALU运算，结果$\rightarrow$ LC：通过发送信号$R_i \rightarrow$ IB1、$R_j \rightarrow$ IB2、$C\_OP(\theta)$、ALU $\rightarrow$ LC来实现。

（2）(LC) $\rightarrow R_k$：通过发送信号LC $\rightarrow$ IB1、IB1 $\rightarrow R_k$来实现。

而在图2-9（b）的运算器结构上完成$(R_i)\theta(R_j) \rightarrow R_k$的操作，则需要以下两步。

（1）$(R_i) \rightarrow$ LA：通过发送信号$R_i \rightarrow$ IB1、IB1 $\rightarrow$ LA来实现。

（2）$(R_j) \rightarrow$ IB2，ALU运算，IB1 $\rightarrow R_k$：通过发送信号$R_j \rightarrow$ IB2、

$C\_OP(\theta)$、ALU $\to$ IB1、IB1 $\to$ R_k 来实现。

显然，要在两步中完成上述运算操作，两种结构中的寄存器堆都必须是双端口的寄存器，对于图 2-9（a）来说，能够对两个寄存器同时进行读操作；而对于图 2-9（b）来说，需要能够同时对一个寄存器执行读、一个寄存器执行写操作。

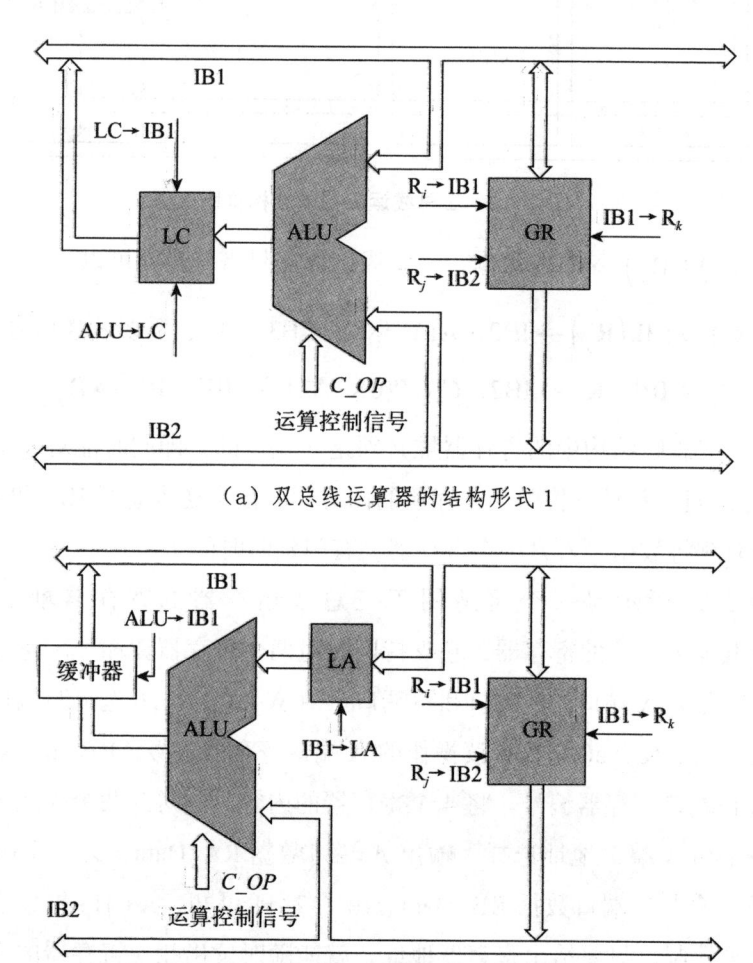

（a）双总线运算器的结构形式 1

（b）双总线运算器的结构形式 2

图 2-9 双总线运算器的结构框图

3. 三总线结构

图 2-10 为三总线运算器的结构框图。

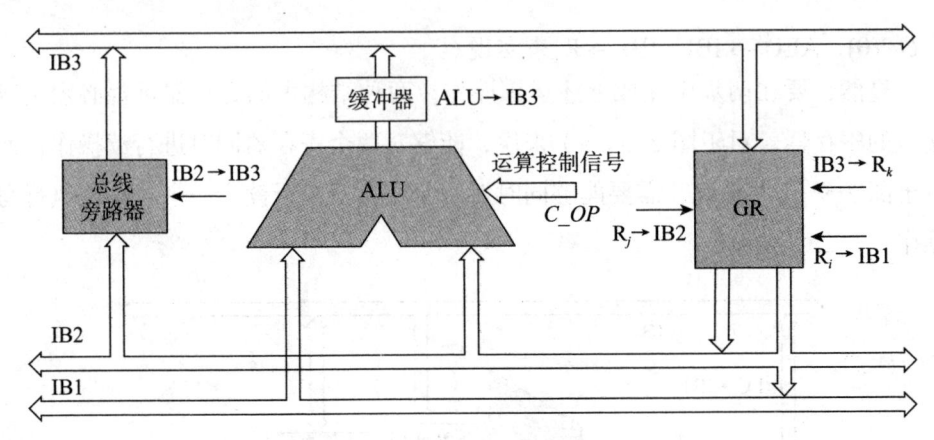

图 2-10 三总线运算器的结构框图

完成 $(R_i)\theta(R_j) \to R_k$ 的操作，三总线运算器只需一步就可以。

$(R_i) \to IB1, (R_j) \to IB2$，ALU 运算，$IB3 \to R_k$：需要发送信号

$R_i \to IB1$、$R_j \to IB2$、$C\_OP(\theta)$、$ALU \to IB3$、$IB3 \to R_k$。

同理，三总线结构中的寄存器堆必须是三端口的，即同时能对 3 个寄存器进行读/写访问；并且可将两个寄存器的内容同时读出送入总线 IB1 和 IB2，也可在同一时刻将数据写入另一个寄存器（有门延时时间）。

如图 2-11 所示是一个可适用于三总线运算器的寄存器堆框图，有 R0～R3 共 4 个 8 位的寄存器，它支持同时对两个寄存器读和一个寄存器写的操作，分别称为 A 端口、B 端口和写端口。由 W_a1、W_a0 选择写端口的寄存器编号 RA_a1、RA_a0 是执行读操作的 A 端口寄存器编号，RB_a1、RB_a0 执行操作的 B 端口容存器编号。将 4 个寄存器的内容分别送到两个 4 选 1 的多路通道，一个由 A 端口地址选择，输出 A 端口数据 RA_Data，另一个由 B 端口地址选择，输出 B 端口数据 RB_Data。由图 2-11 可知，A 端口和 B 端口的读操作是电平控制，只要给出寄存器地址，就能随时读出相应寄存器的内容。而写操作则需先与时钟步，写地址选中的寄存器才有 clk。将写据 W_Data 写入选中的寄存器。读 A 端口、读 B 端口和写入数据这三个操作可同时进行，它们有各自的地址线和数据线，这就是三端口寄存器的基本读/写原理。读者可思考并试着将该三端口寄存器堆应用于上述三总线运算器。

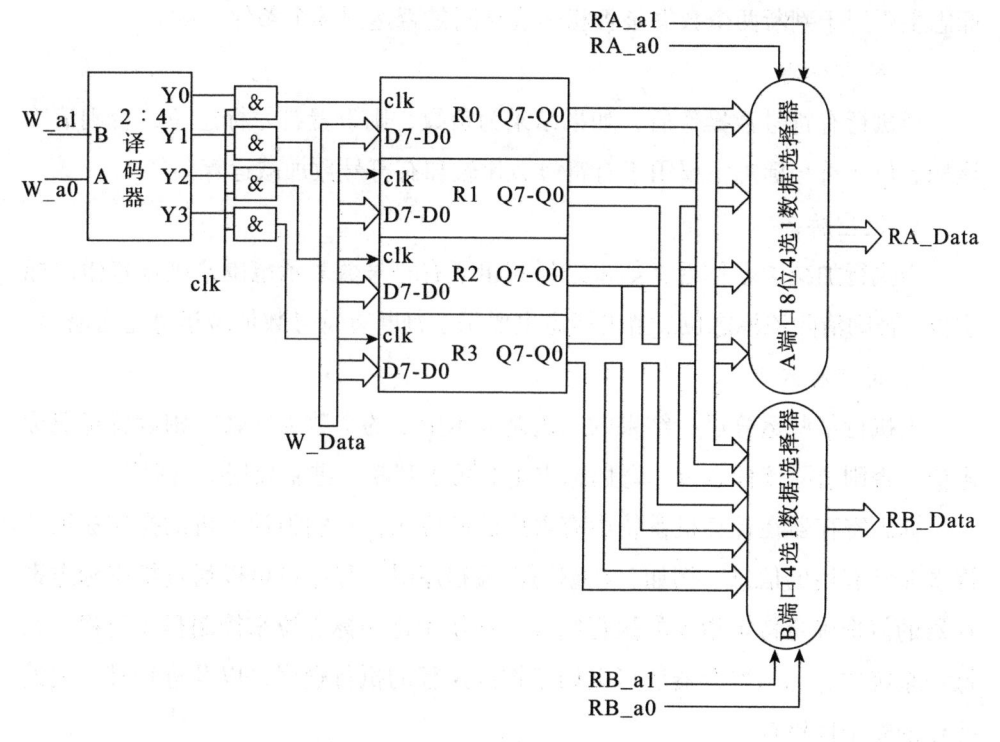

图 2-11 三端口寄存器的实现

2.7.3 标志寄存器

在计算机中，标志寄存器也称为状态寄存器或条件码寄存器，是存储某些运算的状态信息的一种寄存器。标志寄存器通常是一个特定的硬件寄存器，用于存储由运算器进行的一些运算操作的结果标志，如进位、零标志、符号标志、溢出标志和校验标志等。标志寄存器通常与其他寄存器和运算器紧密集成，以支持计算机的各种算术逻辑运算和控制操作。

标志寄存器一般包含以下 5 种运算结果标志：

1. 进位标志

当执行加法操作时，如果加法结果产生进位，则设置进位标志位；如果没有进位，则清除该标志位。进位标志主要用于带进位加法和无符号数加减运算。

2. 零标志

当执行某些运算后，结果为 0，则设置零标志位，否则清除该标志位。零标志主要用于判断两个数据是否相等或判断是否达到某个条件。

3. 符号标志

当执行有符号数操作后,如果结果为负数,则设置符号标志位,否则清除该标志位。符号标志主要用于有符号数比较和有符号数加减运算。

4. 溢出标志

当执行加减法操作后,如果结果超出了有符号数表示范围,则设置溢出标志位,否则清除该标志位。溢出标志主要用于判断有符号数加减运算是否溢出。

5. 奇偶标志

当执行某些运算后,结果的二进制表示中 1 的个数为偶数,则设置奇偶标志位,否则清除该标志位。奇偶标志主要用于判断二进制数据的奇偶性。

标志寄存器在计算机系统中有着广泛的应用,它们为计算机的操作提供了许多非常有用的信息。例如,在编写汇编程序时,程序员可以通过检查标志寄存器的值来确定特定指令的执行结果,并使用这些标志位来控制程序流程。在操作系统中,标志寄存器还可以用于控制进程的执行顺序,以及进行某些关键操作的安全性检查。

第3章 存储系统

3.1 存储系统概述

存储器是计算机中重要的组成部分，它负责数据的存储和记忆，是计算机的核心设备之一。没有存储器，计算机将无法运转。根据不同的分类方法，存储器可以分为多种类型。

3.1.1 存储器的分类

1. 按存储介质分类

计算机存储器按照存储介质可以分为多种类型，包括光存储器、半导体存储器、磁盘存储器、纸带存储器等。其中，光存储器使用激光技术将数据存储在光敏材料上，半导体存储器使用固态电子存储器将数据存储在半导体器件中，磁盘存储器利用磁记录技术在涂有磁记录介质的旋转圆盘上进行数据存储，而纸带存储器是一种早期的存储设备，它将数据存储在纸带上。随着计算机技术的不断发展，各种不同类型的存储器有了各自的优点和应用场景，它们在计算机存储领域中有着重要的作用。

2. 按存储方式分类

存储器按照存储方式可以分为以下几种类型。

（1）RAM 是一种可读可写的存储器，可以根据地址随机访问存储器的任意位置。RAM 通常采用动态随机存储器（Dynamic Random Access Memory，简称 DRAM）或静态随机存储器（Static Random Access Memory，简称 SRAM）技术。RAM 的数据具有易失性，也就是说，在断电时，RAM 中存储的数据将会丢失。

（2）ROM 是一种只能读取的存储器，其内容在出厂时就被编程好，用户无法更改。ROM 通常用于存储系统的固化程序，如基本输入输出系统固件等。ROM 的数据具有非易失性，也就是说，在断电时，ROM 中存储的数据不会丢失。

（3）相关联存储器。相关联存储器是一种用于快速查找和匹配数据的存储器。相关联存储器不需要按照地址进行存储和读取，而是通过数据内容来进行访问。相关联存储器通常用于高速缓冲存储器和路由表等应用中。

（4）顺序存储器。顺序存储器是一种按照顺序进行存储和访问的存储器。顺序存储器的数据是连续存储的，只能按照一定的顺序进行读取和写入。磁带存储器就是一种典型的顺序存储器。

（5）直接存取存储器。直接存取存储器是一种可以直接访问任意存储位置的存储器。直接存取存储器可以根据数据的地址直接访问对应的存储位置，而无须按照顺序进行读取和写入。硬盘和闪存存储器就是典型的直接存取存储器。

3. 按信息的可保存性分类

存储器可以按照信息的可保存性分为易失性存储器和非易失性存储器两种。易失性存储器是指在断电或重启后，其中存储的数据会丢失，主要包括主存储器和高速缓冲存储器。非易失性存储器则是指即使在断电或重启后，其中存储的数据仍然能够保存下来，主要包括辅助存储器，如硬盘、光盘和闪存等。

4. 按在计算机系统中的作用分类

存储器按在计算机系统中的作用可分为主存储器、辅助存储器、寄存器、高速缓冲存储器。这些存储器各有自身的特性，其性价比也各不相同，但是这些存储器共同组成了计算机的存储系统。

3.1.2 存储器的层次结构

在计算机存储器的设计中，需要考虑三个主要因素：存储器的容量、速度和价格。这样设计的目的是要以最小的成本最大化存储器容量，同时确保存储器的速度与 CPU 速度相匹配。为了实现这一目标，现代计算机采用了多级存储器结构。这种结构将高速、小容量的存储器与低速、大容量的存储器结合起来，以达到存储器性能的平衡。目前，多级存储器体系结构已成为计算机设计的主流趋势。

存储器的速度、容量和位价的关系如图 3-1 所示，越往上层，位价比越高，速度越快。

为了最大化利用不同存储器的优点和作用，可以通过管理软件和辅助硬件的组合，构建一个完整、优化和合理的存储系统，以满足计算机在存储速度、容量和价格等方面的要求。存储系统的层次结构可以分为两个主要层次：高速缓冲存储器和主存储器以及主存储器和辅助存储器。只有通过合理的层次结构和有效的组合，才能实现存储系统的性能最优化，提高计算机整体的运行效率和效益。

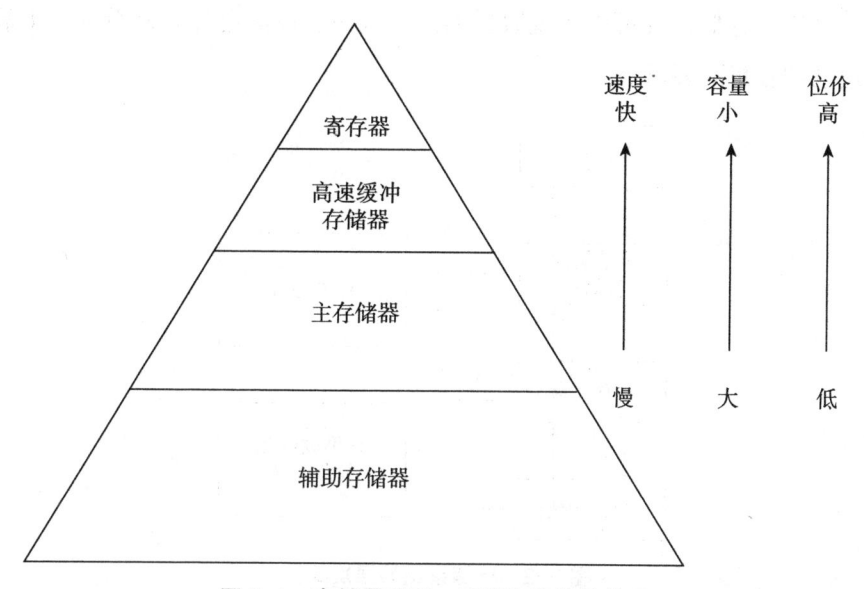

图 3-1 存储器速度、容量和位价的关系

高速缓冲存储器和主存储器的层次结构可以解决 CPU 和主存储器之间速度不匹配的问题。因为 CPU 处理数据和指令的速度比主存储器读写指令和数据的速度快得多，这会使存储器的速度限制 CPU 的能力。提高存储器的速度性能，可以通过提高主存储器的速度以及在 CPU 和主存储器之间增加高速缓冲存储器两种方式。

主存储器和辅助存储器层次主要用于解决存储系统的容量问题。主存储器和辅助存储器层次结构使用虚拟存储技术，以大容量的辅助存储器为依托，把常用的信息和目前要用的信息储存在辅助存储器中，辅助存储器运行速度慢但容量较大，当 CPU 需要某些信息时，再把这些信息从辅助存储器调入主存储器中供 CPU 访问。虚拟存储器的这些调度工作是由硬件和软件共同完成的。

图 3-2 为存储系统的层次结构，由图 3-2 可以看出，高速缓冲存储器和主存储器之间的信息调度是由辅助硬件完成的，主存储器和辅助存储器之间的信息调度是由辅助硬件和操作系统完成的。

存储系统的工作方式如下：当 CPU 需要数据时，它首先搜索缓存来查找是否有所需数据。如果没有找到数据，存储系统将利用辅助硬件进一步查询主存储器来获取所需数据。如果主存储器中没有所需数据，存储系统将利用辅助硬件或软件到辅助存储器中进行查找，然后逐级调用相应的存储器来获取所需数据。这样，存储系统可以实现数据的高效调用，以满足计算机系统对于数据访问速度和容量的要求。

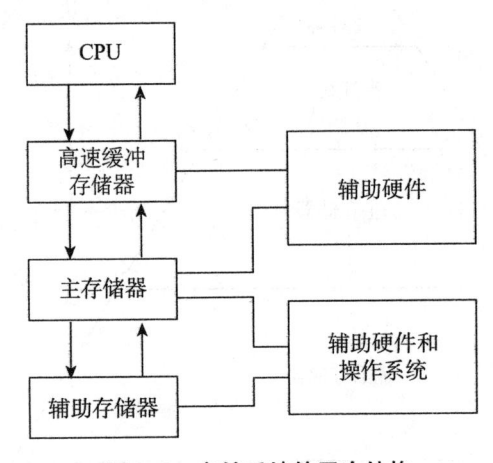

图 3-2 存储系统的层次结构

3.2 主存储器

3.2.1 主存储器的性能指标

衡量存储器性能的指标有存储容量、速度和价格。

1. 存储容量

主存储器的存储容量是指它可以存储的数据量大小。随着计算机技术的不断发展，主存储器的存储容量也在不断提升。早期的计算机主存储器容量仅为几十 KB 或者几百 KB，而现在的主存储器容量已经达到了数十 GB 或数百

GB。随着计算机应用需求的不断提高，主存储器容量也需要不断增加，以满足计算机处理大量数据和复杂运算的需求。

2. 存储器的速度

存储器的速度是主存储器性能的重要指标之一。它是指存储器能够执行读写操作的速度。存储器的速度受到多种因素的影响，包括存储器内部结构、存储器芯片的制造工艺等。目前，主存储器的速度已经达到了几千 MB/s 甚至更高的水平。高速的存储器能够更快地读写数据，从而提高计算机的运行速度和响应速度。

3. 存储器价格

存储器的价格是指购买单位存储容量所需的成本。随着主存储器的存储容量和速度的不断提高，存储器的价格也在不断降低。过去，存储器的价格非常昂贵，甚至比计算机本身的价格还要高。而现在，存储器的价格已经大幅降低，越来越多的用户可以承受得起高性能的主存储器。当然，随着存储容量和速度的提升，存储器的价格也会相应地增加。

3.2.2 主存储器的基本操作

主存储器是各种数据存储和交换的中心，比如 CPU 和外围设备直接和主存储器进行数据交换。图 3-3 为主存储器与 CPU 及外围设备的连接。

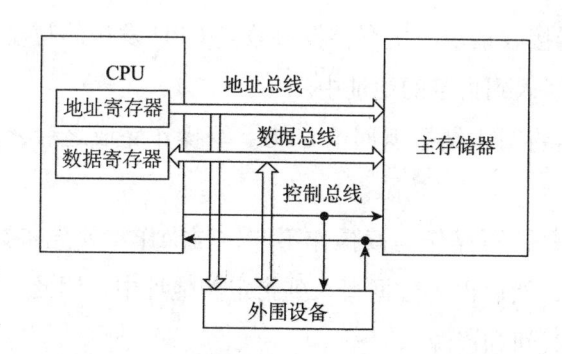

图 3-3 主存储器与 CPU 及外围设备的连接

主存储器是计算机系统中基本的存储设备之一，它用于存储正在运行的程序和数据。主存储器的基本操作包括读和写操作，这两种操作是计算机系统中基本的操作之一。

1. 读操作

读操作是将存储器中的数据读出到计算机的寄存器或者缓存中。在计算机程序的执行过程中，计算机需要从主存储器中读取数据，以供 CPU 进行运算或者其他操作。读操作的过程如下。

（1）CPU 发送读请求。CPU 向主存储器发送一个读请求，请求读取指定的地址中的数据。

（2）存储器接收请求。主存储器接收到 CPU 发送的读请求，并根据请求中的地址读取数据。

（3）存储器将数据传送给 CPU。主存储器读取到数据之后，将数据传送给 CPU 的寄存器或者缓存中。

（4）CPU 对数据进行操作。CPU 读取到数据之后，可以对数据进行运算或者其他操作。

2. 写操作

写操作是将 CPU 中的数据写入到主存储器中。在计算机程序的执行过程中，计算机需要将 CPU 中的数据写入到主存储器中，以便保存或者传输到其他设备。写操作的过程如下。

（1）CPU 发送写请求。CPU 向主存储器发送一个写请求，请求将指定的数据写入到指定的地址中。

（2）存储器接收请求。主存储器接收到 CPU 发送的写请求，并根据请求中的地址将数据写入到指定的地址中。

（3）存储器将写入结果返回给 CPU。写操作完成之后，主存储器将写入结果返回给 CPU。

需要注意的是，写操作与读操作不同，写操作需要先将数据从 CPU 中传输到主存储器中，然后再将数据写入到指定的地址中。因此，写操作需要比读操作耗费更多的时间和资源。

3.2.3 内存管理方式

1. 单一连续存储管理

单一连续存储管理是最早的、最简单的内存管理方式，它起源于计算机的早期阶段，当时的计算机系统规模小，任务单一，因此采用了这种简单且直观的内存管理模式。

在单一连续存储管理模式中，主存储器被分为两个主要的区域，一部分是系统区，另一部分是用户区。系统区通常位于主存储器的低地址部分，存放的是操作系统所需要的各类程序和数据，包括操作系统的内核程序、设备驱动程序，以及用于进行内存管理、进程管理、文件系统管理等的各类系统服务程序。系统区在系统启动时就已经被设定好，并且在系统运行过程中，其大小和位置都不会改变。

用户区则位于主存储器的高地址部分，用来存放用户程序和数据。所有用户程序都在这个区域内进行加载和运行。用户区的大小根据系统区的大小以及物理内存的大小动态变化。当新的用户程序需要运行时，它的代码和数据就会被加载到用户区的空闲空间内。为了简化管理，系统通常会将所有的用户程序都加载到用户区的连续空间内，这样就形成了主存储器的单一连续分布状态。

尽管单一连续存储管理方式具有一些优点，如实现简单、直观易懂，适合于简单的、单任务的计算机系统。单一连续存储管理作为内存管理的基础，其原理和实现方式对于理解更为复杂的内存管理方式有着重要的意义。

2. 分区式存储管理

分区式存储管理是一种内存管理策略，它相比于单一连续存储管理方式，在主存储器的划分和使用上更加灵活和有效。分区式存储管理主要采取静态分区和动态分区两种方式。

静态分区方式是在系统启动的时候，就根据预定的规则和策略将主存储器划分为若干个固定大小的区域，也就是分区。每个分区都可以独立地用于加载和运行用户程序。每个程序运行在自己的主存储器分区内，与其他程序分区隔离，这不仅保证了各个程序间的相互独立，还提高了系统的稳定性。

动态分区方式则是在程序运行时，根据程序的实际主存储器需求动态地划分主存储器。也就是说，每当有新的程序需要运行时，操作系统就会在主存储器中寻找一个足够大的空闲区域，将其划分为一个新的分区，并将这个程序加载到这个分区中。这种方式的优点是主存储器利用率高，因为每个程序都能获得与其实际需求相匹配的主存储器分区。然而，动态分区方式也存在问题，那就是会产生主存储器碎片。随着程序的加载和卸载，主存储器中会出现许多大小不一的空闲区域，这些区域由于过小而无法被有效利用，从而形成了主存储器碎片。

在分区式存储管理中，还有一种称为可重定位分区的方式。在这种方式中，每个程序不直接使用物理地址访问主存储器，而是使用相对于其所在分区起始地址的相对地址。这样，程序在加载时可以被加载到任何一个可用的主存储器分区中，而不需要对其进行任何修改。这种方式的优点是可以进一步提高主存储器的利用率，并减少主存储器碎片的产生。

分区式存储管理是一种比较灵活有效的内存管理方式，它既可以实现主存储器的有效划分和使用，又可以适应程序的动态主存储器需求。但是，分区式存储管理方式也存在一些问题，如主存储器碎片的产生、主存储器分区的调度和管理等，这些问题需要通过更为复杂的内存管理策略和算法进行解决。

3. 分页存储管理

分页存储管理是一种在现代操作系统中广泛采用的内存管理策略，它在主存储器的分配和使用上表现出极大的灵活性和效率。

在分页存储管理中，主存储器被划分为一系列固定大小的单元，这些单元称为"页"或"页面"。页的大小通常由硬件决定，并且在系统运行期间保持不变。程序被划分为与页大小相同的单元，也称为"页"。这样，每个程序页可以被加载到主存储器的任何一个可用的页框中。

这种分页的方式具有几个明显的优点。首先，它可以提高主存储器的利用率。由于每个程序都被分割成相同大小的页，因此可以将程序加载到主存储器中的任何地方，而不需要寻找一个连续的、足够大的主存储器区域。这大大减少了因主存储器碎片而导致的主存储器浪费。其次，分页存储管理可以避免主存储器碎片的产生。由于主存储器和程序都被分割成同样大小的页，因此不存在因为内存分配和回收而产生的主存储器碎片问题。此外，由于每个页都是独立分配和回收的，因此在程序运行过程中可以动态地为程序分配或回收主存储器，这为程序的动态加载和运行提供了便利。

然而，分页存储管理也带来了一些挑战。首先，由于每个程序页可以被加载到主存储器的任何位置，因此需要一种机制记录每个页在主存储器中的位置，这时，就要引入页表的管理。页表是一种数据结构，用于存储每个页的物理地址。每当程序需要访问主存储器时，都需要通过页表查找对应页的物理地址。虽然页表的管理可以通过硬件和操作系统的支持来实现，但是它也增加了系统的复杂性。其次，尽管分页存储管理可以避免主存储器碎片的产生，但是它可能会引起另一种主存储器浪费问题，即主存储器的过度碎片化。由于每个页都是独立分配的，因此当主存储器中的可用页不足时，即使主存储器的总体空间足够，也可能无法满足程序的主存储器需求。

4. 分段存储管理

分段存储管理是一种先进的内存管理方法，它以程序的逻辑单位（例如函数、数组等）为单位进行主存储器分配。相比于分页存储管理，分段存储管理的主要优势在于能够保证相关的数据和代码在主存储器中是连续的，这有助于程序的管理和执行。此外，分段存储管理还提供了更好的内存保护和共享机制。然而，它也带来了段表管理的复杂性和可能的主存储器碎片问题。

在分段存储管理中，主存储器被划分为多个段，每个段都有一个固定的长度。每个段与程序的逻辑单位对应，例如一个函数、一个数组或者一个数据结构。这样，当程序需要分配主存储器时，它可以按照逻辑单位进行分配，使相关的数据和代码在主存储器中是连续存放的。

为了实现分段存储管理，系统需要维护一个段表，用于记录每个段的起始地址和长度信息。段表中的每一项称为段描述符，它包含了段的起始地址、长度、访问权限等信息。当程序访问主存储器时，系统会根据段表中的描述符来进行地址转换和权限检查。

通过分段存储管理，可以实现更好的内存保护机制。每个段的描述符中都包含了访问权限信息，系统可以根据这些信息来检查程序对主存储器的访问是否合法。如果程序试图访问一个没有访问权限的段，系统会产生一个异常，从而防止非法访问和破坏数据。

此外，分段存储管理还提供了更好的主存储器共享机制。不同程序可以共享同一个段，只需将它们的段描述符指向同一个物理内存区域即可。这种共享机制可以提高系统的资源利用率，并方便不同程序之间的通信和数据共享。

然而，分段存储管理也存在一些问题。首先是段表管理的复杂性。系统需要维护段表，并根据段表进行地址转换和权限检查，这增加了系统的复杂性和开销。其次是主存储器碎片问题。由于每个段的长度固定，当一个段释放后，其所占用的主存储器空间可能无法完全被其他段利用，从而产生主存储器碎片。主存储器碎片会降低系统的主存储器利用率，可能导致无法分配足够大的连续空间来满足某些程序的需求。

为了解决主存储器碎片问题，可以采用压缩和分段置换等技术。压缩技术会将已分配和未分配的段进行整理，使它们能够连续地存放在主存储器中，从而减少主存储器碎片。分段置换技术则允许将不常用的段置换到磁盘上，从而释放主存储器空间，但需要在需要时将其重新加载到内存中。

以上四种内存管理方式各有优点，适用于不同的场景。单一连续存储管理和分区式存储管理适用于简单的系统，而分页存储管理和分段存储管理则适用于更复杂、需要高效内存管理的系统。

在实际的操作系统中，常常会使用多种内存管理方式的组合，以实现更高效、更灵活的内存管理。例如，现代操作系统常常会使用分页和分段的组合方式，通过页表和段表两级映射，实现主存储器的高效管理。

不论采用何种内存管理方式，其核心目标都是为了更高效地使用主存储器资源，满足程序的运行需求，同时要考虑到管理开销和复杂性等因素。因此，内存管理是一个涉及效率、灵活性、保护和共享等多方面的综合问题，需要根据具体的应用场景和需求来做出合理的选择和设计。

3.2.4 内存管理算法

1. 固定分区分配算法

固定分区分配算法是一种简单的内存管理方法，它将主存储器划分为固定大小的分区，每个分区可以容纳一个进程。这种算法适用于固定大小的进程，其中每个进程的大小与分区的大小相匹配。固定分区分配算法的实现相对简单，但也存在一些问题，主要是主存储器碎片的产生。

在固定分区分配算法中，主存储器被划分为多个大小相等的分区，每个分区都有固定的大小。当一个进程需要被加载到主存储器中时，系统会为其分配一个大小合适的分区，使其可以运行。进程在分区中运行期间，它所占用的主存储器空间不会发生变化。

固定分区分配算法的主要优点是简单和直观。由于分区的大小是固定的，因此分配过程相对简单，不需要进行主存储器大小的动态调整。此外，固定分区分配算法不会发生外部碎片问题，即不会存在由于分区大小不匹配导致的空闲主存储器无法利用的情况。

然而，固定分区分配算法也存在一些问题。首先是内部碎片问题。当一个进程所需的主存储器空间小于分区的大小时，分配给它的分区会存在剩余的未使用主存储器，这部分未使用的主存储器称为内部碎片。内部碎片会导致主存储器利用率降低，浪费了一部分可用主存储器。

另一个问题是外部碎片问题。外部碎片是指由于分区之间存在一些已分配但不连续的空闲主存储器块，导致无法分配一个与进程大小匹配的分区。虽然整体上仍有足够的空闲主存储器，但由于空闲主存储器分散在各个分区之间，无法满足某些进程的主存储器需求。这会限制新进程的加载，导致系统的主存储器利用率降低。

解决主存储器碎片问题的常见方法是使用主存储器紧缩和地址重定位技术。主存储器紧缩是指将已分配的主存储器块进行整理，将空闲主存储器块合并成连续的大块，从而减少外部碎片。地址重定位则是将进程的物理地址重新映射到新的主存储器位置，以解决内部碎片问题。

2. 动态分区分配算法

动态分区分配算法是一种根据进程的实际大小进行主存储器分配的方法，它能够更灵活地利用主存储器资源。常用的动态分区分配算法包括首次适应算法、最佳适应算法和最坏适应算法等。

（1）首次适应算法。首次适应算法是简单且常用的动态分区分配算法之一。该算法从主存储器空闲链表的头部开始遍历，找到第一个能够容纳进程大小的空闲区域，并将其分配给进程。这样可以快速找到合适的主存储器空间，并将进程加载到该分区中。该算法的实现相对简单，适用于各种规模的系统。然而，由于它选择的是第一个满足要求的分区，可能会导致较大的内部碎片问题。

（2）最佳适应算法。最佳适应算法选择能够最小限度地浪费主存储器的空闲区域来分配给进程。它遍历主存储器空闲链表，找到能够容纳进程大小的最小空闲区域，并将其分配给进程。这种算法能够减少主存储器的浪费，但需要遍历所有的空闲区域，效率较低。尽管如此，最佳适应算法仍然是一种常用的主存储器分配算法，特别适用于对主存储器利用率有较高要求的场景。

（3）最坏适应算法。最坏适应算法选择最大的空闲区域来分配给进程。它在主存储器空闲链表中查找能够容纳进程大小的最大空闲区域，并将其分配给进程。最坏适应算法在面对大型进程时表现较好，因为它可以减少主存储器的重分配次数。然而，这种算法可能会导致较大的外部碎片问题，限制了后续进程的分配。

这些动态分区分配算法各有其优点。首次适应算法简单快速。最佳适应算法减少了主存储器的浪费。最坏适应算法对大型进程表现较好。在实际应用中，需要根据系统的具体需求和场景选择合适的算法。

为了解决主存储器碎片问题，可以采用主存储器紧缩和地址重定位等技术。主存储器紧缩将已分配的主存储器块进行整理，合并空闲的主存储器块以减少外部碎片。地址重定位则将进程的物理地址重新映射到新的主存储器位置，以解决内部碎片问题。

3. 页式存储管理算法

页式存储管理算法将主存储器和进程的地址空间划分为固定大小的页和页框。进程的地址空间被划分为多个固定大小的页，而物理内存也被划分为相同大小的页框。当进程访问主存储器时，系统会根据页表将逻辑地址转换为物理地址。

在页式存储管理算法中，进程的地址空间被划分为多个固定大小的页，通常为4KB或者2MB大小的页。每个页都有一个唯一的页号用于标识。而物理内存也被划分为与页大小相同的页框。每个页框用于存放一个页的数据。

当进程访问内存时，它会使用逻辑地址进行访问，而不是直接使用物理地址。逻辑地址由两部分组成：页号和页内偏移。页号指示所访问的页的标识，而页内偏移指示在该页中的偏移位置。

为了将逻辑地址转换为物理地址，系统维护了一个页表，其中存储了每个页的对应物理页框的映射关系。页表由页表项组成，每个页表项记录了页号和对应的物理页框号。当进程发出访问请求时，系统会根据页表进行逻辑地址到物理地址的转换。

逻辑地址转换的过程如下所示。

（1）进程发出一个访问请求，其中包含逻辑地址。

（2）系统根据逻辑地址中的页号在页表中查找对应的页表项。

（3）如果页表项中的有效位为1，表示该页已经加载到内存中，系统将物理页框号与页内偏移组合成物理地址。

（4）如果页表项中的有效位为0，表示该页尚未加载到内存中，系统会触发缺页中断。

（5）在缺页中断处理过程中，系统会选择一个物理页框，将所需的页从磁盘加载到该页框中，并更新页表项。

（6）一旦页加载到内存中，系统重新执行之前被中断的指令。

4. 段式存储管理算法

段式存储管理算法是一种内存管理方法，以程序的逻辑单位（如函数、数组等）为单位进行内存分配。每个段对应于一个逻辑单位，相关的数据和代码在内存中是连续存放的。段式存储管理算法通过段表进行地址转换和权限检查，为程序提供内存保护和共享机制。

在段式存储管理算法中，内存被划分为多个段，每个段对应一个逻辑单位，如函数、数组、数据结构等。每个段具有一个唯一的段号来标识，段内部是连续的存储空间，可以容纳该逻辑单位的数据和代码。

为了实现段式存储管理，系统维护一个段表，用于记录每个段的起始地址、长度、访问权限等信息。段表中的每一项称为段描述符，包含了段的起始地址、长度、访问权限等信息。

当程序访问内存时，系统会根据逻辑地址中的段号在段表中查找相应的段描述符。通过段描述符，系统可以获取该段在物理内存中的起始地址和长度等信息。然后，将逻辑地址中的段偏移与段的起始地址相加，得到物理地址。

5. 段页式存储管理算法

段页式存储管理算法是一种结合了段式存储管理和页式存储管理的方法。它将内存划分为多个段，每个段再划分为多个页，综合了段式存储管理和页式存储管理的优点，提供了更好的灵活性和内存管理效果。

在段页式存储管理算法中，内存被划分为多个段，每个段对应一个逻辑单位（如函数、数组等），而每个段再被划分为多个固定大小的页。每个段和每个页都有自己的标识符，段标识符用于段表，页标识符用于页表。

段表用于记录每个段的信息，如段的起始地址、长度、页表的物理地址等。每个段表项包含了段的标识符和段的属性，以及页表的物理地址。页表则用于记录每个页的信息，如页的物理地址和访问权限等。

当程序访问内存时，系统首先根据逻辑地址中的段号在段表中查找相应的段描述符。通过段描述符，系统可以获取该段的页表的物理地址。然后，系统再根据逻辑地址中的页号在对应的页表中查找相应的页表项。页表项包含页的物理地址和访问权限。

通过段页式存储管理算法，系统可以将逻辑地址转换为物理地址。系统首先使用段描述符中的页表物理地址找到页表，再通过页表找到相应的页表项。最后，将页表项中的物理地址与逻辑地址中的页内偏移相加，得到最终的物理地址。

6. 伙伴系统算法

伙伴系统算法是一种用于管理内存碎片的高效算法。它将内存划分为大小相等的块，并使用二叉树结构来管理这些块。伙伴系统算法通过合并相邻的块和分割块来动态地满足内存分配请求，并有效地减少内存碎片问题。

在伙伴系统算法中，内存被划分为大小相等的块，每个块的大小是 2 的幂次方。这些块按照从小到大的顺序排列，构成一棵二叉树。树的根节点对应整个可用内存空间，而每个内部节点表示一个合并后的块，每个叶子节点表示一个原始的可用块。

当有内存分配请求时，系统会从树的根节点开始搜索满足请求大小的最小块。如果找到了合适大小的块，则将其分配给请求的进程。如果找到的块比请求的大小大，系统会将该块分割成两个相等大小的伙伴块，其中一个分配给请求的进程，另一个则被加入空闲块的链表中。

当释放内存时，系统会检查被释放的块的伙伴块是否也是空闲的。如果是，系统会将两个伙伴块合并成更大的块，并继续检查合并后的块的伙伴块。这个过程称为"合并操作"。

通过不断地分割和合并操作，伙伴系统算法能够高效地满足内存分配请求，并且有效地减少内存碎片。由于每次分割都会生成大小相等的伙伴块，并且合并只能在相邻的伙伴块之间进行，伙伴系统算法能够保持块的大小相对一致，从而减少外部碎片的产生。

7. 交换算法

交换算法是一种用于管理内存的重要算法，它允许将进程或进程的一部分从内存中移出到磁盘上，以释放内存空间。当系统的内存资源不足时，交换算法可以提供一种机制，将部分进程暂时交换到磁盘上，以便为其他进程腾出内存空间。

常用的交换算法包括最佳换入算法、先进先出算法和最近最少使用算法等。

（1）最佳换入算法。最佳换入算法基于最佳原则，选择在未来最长时间内不会被访问的页面进行置换。该算法通过预测每个页面的未来访问情况，选择对应的页面进行置换。然而，由于无法准确预测未来的访问情况，实际中很难实现最佳换入算法。

（2）先进先出算法。先进先出算法是一种简单直观的交换算法。它按照进程或页面进入内存的顺序进行置换，即最早进入内存的页面最先被置换出去。该算法简单易实现，但可能会导致贝莱迪现象（belady），即分配页面增多，缺页率反而提高。

（3）最近最少使用（Least Recently Used, 简称 LRU）算法。最近最少使用算法是一种基于页面最近使用情况的交换算法。它根据页面最近的访问时间，选择最近最少被使用的页面进行置换。通过追踪页面的访问历史，LRU 算法尽可能保留最常用的页面，从而减少页面置换次数。

这些交换算法在实际应用中各有优点。最佳换入算法可以最小化页面置换次数。先进先出算法简单易实现。最近最少使用算法可以较好地保留常用页面。

选择合适的交换算法取决于系统的需求和性能要求。在实际应用中，可能会采用不同的算法进行组合使用，或者结合其他策略，如页面预调度和工作集模型，以提高系统的性能和效率。

需要注意的是，交换算法只是内存管理的一部分，它解决了内存不足的问题，但并不涉及进程的调度和优先级等问题。综合考虑内存管理、进程调度和优先级等因素，可以设计出更有效的系统内存管理策略。

8. 页面置换算法

页面置换算法是页式存储管理中用于确定哪些页面应该被置换出内存的重要算法。当内存不足以容纳所有所需的页面时，页面置换算法根据一定的策略选择要被置换出的页面，以便为新的页面腾出空间。常见的页面置换算法包括最佳置换算法、先进先出置换算法、最近最少使用算法和时钟算法等。

（1）最佳置换算法。最佳置换算法是一种理想化的算法，它基于最佳原则来选择应该被置换出的页面。它通过预测每个页面在未来最长时间内是否会被访问，选择具有最长未来访问时间的页面进行置换。最佳置换算法可以使页面的置换次数最小化，但由于无法准确预测未来的页面访问情况，实际中很难实现。

（2）先进先出置换（First-In-First-Out，简称FIFO）算法。先进先出置换算法是一种简单直观的页面置换算法。它按照页面进入内存的顺序进行置换，即最早进入内存的页面最先被置换出去。FIFO算法通过维护一个页面队列，当需要置换页面时，选择队列头部的页面进行置换。尽管FIFO算法简单易实现，但它可能导致belady异常，即在增加内存时，页面置换次数反而增多。

（3）最近最少使用算法。最近最少使用算法是一种基于页面最近使用情况的页面置换算法。它根据页面最近的访问时间，选择最近最少被使用的页面进行置换。LRU算法通过追踪页面的访问历史，将最近最少被使用的页面视为最有可能在未来被置换的页面。通过保留常用页面，LRU算法能够较好地减少页面置换次数。

（4）时钟算法。时钟算法是一种基于页面访问位的页面置换算法。它使用一个时钟指针来模拟页面的访问情况。当页面被访问时，访问位被设置为1，时钟指针指向下一个页面。当需要进行页面置换时，时钟算法会扫描页面队列，如果访问位为0，则选择该页面进行置换，如果访问位为1，则将访问位设置为0，并将时钟指针移动到下一个页面。这样，时钟算法会在一次扫描后找到一个可以置换的页面。

这些页面置换算法在实际应用中各有优点。最佳置换算法可以最小化页面置换次数。FIFO 算法简单易实现。LRU 算法保留常用页面。时钟算法提供了一种基于页面访问位的策略。

选择合适的页面置换算法取决于系统的需求和性能要求。在实际应用中，可能会采用不同的算法进行组合使用，或者结合其他策略，如页面预调度和工作集模型，以提高系统的性能和效率。

页面置换算法只是内存管理的一部分，它解决了内存不足的问题，但不涉及进程的调度和优先级等问题。综合考虑内存管理、进程调度和优先级等因素，可以设计出更有效的系统内存管理策略。

这些算法和技术在不同的场景和系统中有不同的适用性。选择合适的内存管理算法是根据系统需求、进程特点和性能考虑等综合因素来确定的。选择合适的内存管理算法需要权衡内存利用率、内存碎片、访问速度和系统开销等因素，以实现高效、可靠的内存管理。

3.3 高速存储器

主存储器的速度低于 CPU 的速度，这一点一直影响着 CPU 的工作效率。为了提高存储器的速度，可以从多个方面采取措施。采用更快的存储器芯片和更高效的存储器架构是提高存储器速度的重要手段之一。缓存技术和预取技术等手段可以减少存储器访问的延迟时间，进一步提高存储器速度。技术创新和工艺改进也可以不断提高存储器的速度，以满足计算机系统对高速存储器的需求。这些方法可以在不改变存储器容量的情况下提高存储器的速度，从而提高 CPU 的工作效率。

3.3.1 双端口存储器

双端口存储器是一种具有两个独立的访问端口的存储器，可以同时进行两个独立的数据读写操作。双端口存储器通常用于高速数据处理和多处理器系统中，其中需要多个处理器并行访问同一个存储器。相比于普通的单端口存储器，双端口存储器具有更高的并发性和更大的数据吞吐量，可以大幅提高系统的性能和效率。

图 3-4 为 IDT7133 双端口存储器的逻辑功能框图。信号下标 L 表示该信号是左端口信号，R 表示该信号是右端口信号；LB 表示低位字节，UB 表示高位字节。

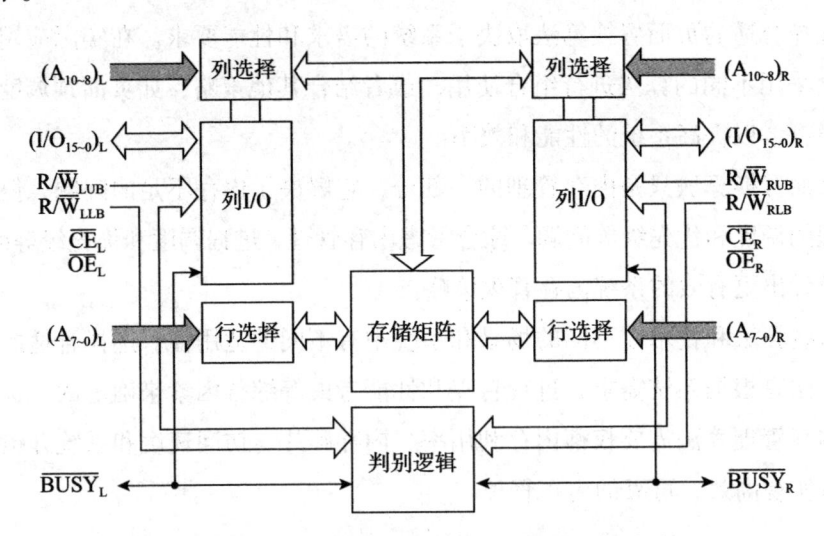

图 3-4　2K×16 为双端口存储器 IDT7133 的逻辑框图

如果左端口和右端口的地址不同时，在两个端口上同时进行读/写不会出现冲突。如果任一端口被选中驱动时，就可以对整个存储器进行读/写，每一个端口都有自己的片选信号和输出使能信号。表 3-1 为双端口存储器的无冲突读/写控制表。

表 3-1　无冲突读/写控制

\multicolumn{5}{c}{左端口或右端口}	功能
$R/\overline{W}_{LB}$	$R/\overline{W}_{UB}$	$\overline{CE}$	$\overline{OE}$	$I/O_{7\sim0}$	$I/O_{15\sim8}$	
任意	任意	1	1	高阻态	高阻态	端口不用
0	0	0	任意	数据入	数据入	低、高位字节数据写入存储器
0	1	0	0	数据入	数据出	低位字节数据写入存储器、存储器中的数据输出至高位字节

续 表

| 左端口或右端口 |||||| 功能 |
$R/\overline{W}_{LB}$	$R/\overline{W}_{UB}$	$\overline{CE}$	$\overline{OE}$	I/O_{7-0}	I/O_{15-8}	
1	0	0	0	数据出	数据入	存储器中的数据输出至低位字节，高位字节数据写入存储器
0	1	0	1	数据入	高阻态	低位字节写入存储器
1	0	0	1	高阻态	数据入	高位字节写入存储器
1	1	0	0	数据出	数据出	存储器中的数据输出至低位字节和高位字节
1	1	0	1	高阻态	高阻态	高抗阻输出

目前，市面已经出现三端口及多端口存储器。三端口存储器是一种能够同时读取和写入数据的存储器，其拥有三个独立的端口，分别用于读取、写入和刷新存储器的操作。三端口存储器广泛应用于需要高效数据传输和处理的领域，例如图像处理、视频编解码、通信系统、网络路由器、并行处理器等。三端口存储器的主要特点是可高效地支持并发读写操作，具有低延迟和高带宽等优点。

与三端口存储器不同的是，多端口存储器可以同时支持多个读写端口，而三端口存储器则只有三个端口。多端口存储器通常用于需要更高的并发性和吞吐量的应用中，例如高速缓冲存储器、共享内存、多处理器系统、嵌入式系统等。

四端口 RAM。四端口 RAM 是一种具有四个独立端口的存储器，可支持多个读写操作。它通常用于高速缓冲存储器、多处理器系统、视频编解码等领域。

八端口 RAM。八端口 RAM 是一种具有八个独立端口的存储器，可同时支持多个读写操作。它通常用于共享内存、高速缓冲存储器、嵌入式系统等领域。

串行存储器。串行存储器是一种支持串行数据传输的存储器，可以减小芯片面积，提高存储密度。它通常用于嵌入式系统、移动设备等领域。

三端口存储器和多端口存储器在不同的应用领域都有广泛的应用，能够满足不同的数据处理和存储需求。

3.3.2 多体交叉存储器

多体交叉存储器是一种高速的、分布式的存储器结构，可用于处理大规模并行计算、数据密集型任务和其他需要高性能存储器的应用。它由多个单元或体组成，每个体都拥有自己的存储器和计算能力，并可以通过高速互联网络与其他体进行通信和数据传输。互联网络是连接多个体之间的高速通信网络，可实现体之间的数据传输和计算任务的协同执行。控制器是多体交叉存储器的管理和控制中心，负责调度任务、管理数据传输和控制存储器访问等操作。

多体交叉存储器的主要优点是能够提供高效的数据传输和计算能力，支持大规模并行计算和数据密集型任务的处理。它可以有效地解决存储器访问瓶颈和性能瓶颈等问题，提高系统的运行效率和处理能力。

多体交叉存储器广泛应用于高性能计算、大数据分析、人工智能等领域，例如在分布式计算集群中使用多体交叉存储器可实现任务的快速分配和执行，提高系统的整体性能和可扩展性。此外，多体交叉存储器还可以用于高速缓冲存储器、图像处理、视频编解码等领域，为这些领域的应用提供高速、可靠的存储和计算支持。

多体交叉存储器，如图 3-5（a）所示，其编址方法是这样的：CPU 给出的存储器地址的低 x 位 $2^x = M$，译码选择 M 个不同的存储体，剩下的高若干位则是存储字在存储体内的相对地址。连续的存储器字的地址分布在相邻的存储体内，同一个存储体内的地址是不连续的。如图 3-5（b）所示，该存储器包括 4 个存储体，每个存储体的容量为 2^{n-2} 字，采用 4 体交叉的结构，连续的存储器字地址分布在相邻的存储体中。表 3-2 所示为 4 体交叉存储器的编址地址表。

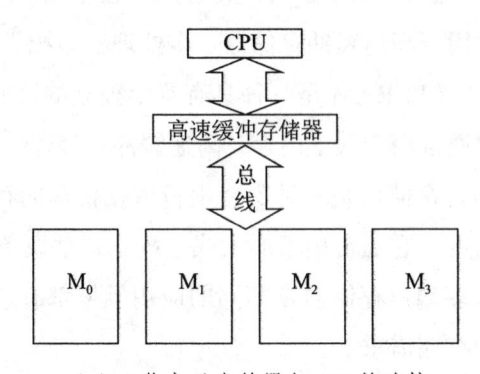

（a）4 体交叉存储器与 CPU 的连接

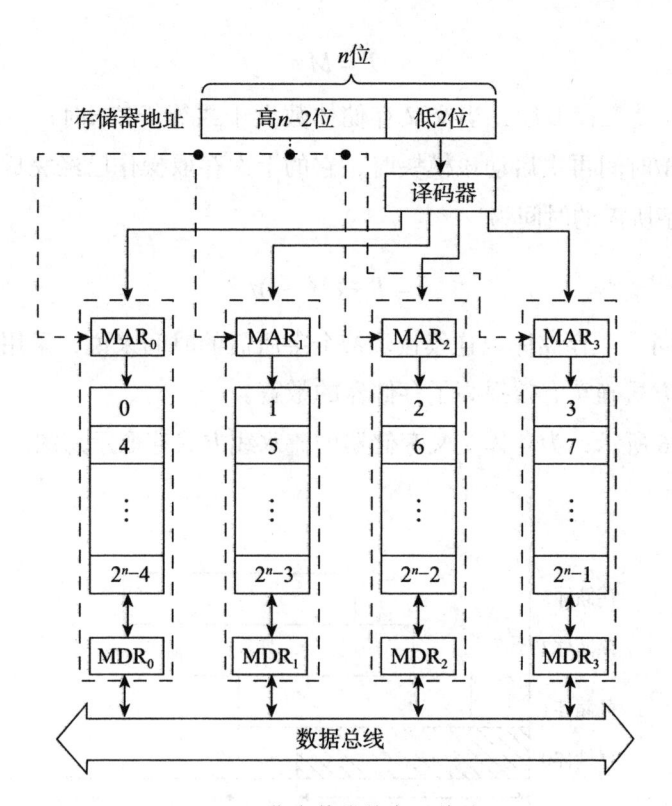

（b）4体存储器的交叉编址

图 3-5　4 体交叉存储器

表 3-2　4 体交叉存储器的编址地址表

存储体号	体内地址序号	最低两位地址
M_0	$0,4,8,12,\cdots,4i+0$	00
M_1	$1,5,9,13,\cdots,4i+1$	01
M_2	$2,6,10,14,\cdots,4i+2$	10
M_3	$3,7,11,15,\cdots,4i+3$	11

每个存储体的字长都等于数据总线宽度，存储体存取一个字的周期为 T，总线传送周期为 τ，存储器的交叉存储体数为 M。为了实现流水线方式存取，应当满足

$$T = M\tau$$

T/τ 称为交叉存取度，当交叉存储体数大于或等于 T/τ 时，可以保证启动某模块后经 M 时间再次启动该模块时，它的上次存取操作已经完成。这样，连续读取 M 个字所需的时间为

$$t = T + (M-1)\tau$$

相比在同一个存储体内连续读取 M 个字所需的时间来说，采用多体交叉存储器的组织方式确实有效提高了存储器的带宽。

如图 3-6 所示，为 4 体交叉存储器的流水线方式存取示意图。

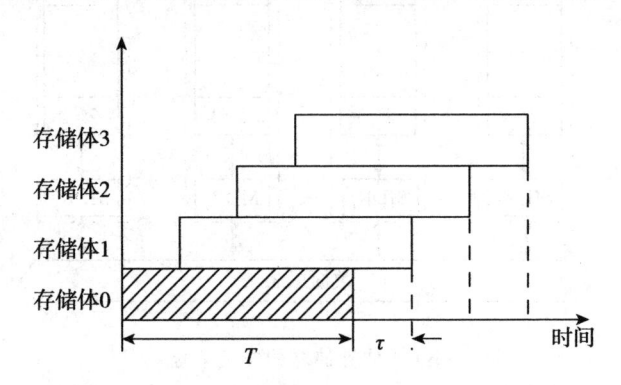

图 3-6　4 体交叉存储器的流水线方式存取示意图

对每个存储体而言，存取周期没有缩短，如图 3-6 所示。宏观上，在一个存取周期内，存储器向 CPU 提供了 4 个存储字。

3.3.3　相关联存储器

相关联存储器是一种能够实现按内容进行检索的高速存储器。与传统的存储器不同，它可以根据数据内容查找存储器中的数据，而不是按地址查找。

在相关联存储器中，数据被存储为一系列"关键字－数据"对，其中每个关键字对应唯一的一个数据。当进行检索操作时，相关联存储器将输入的关键字与存储器中的所有关键字进行比较，以找到匹配的数据。

相关联存储器的检索过程通常分为两个步骤：首先将输入的关键字进行哈希运算，得到一个哈希值；然后将哈希值与存储器中的所有哈希值进行比较，以找到匹配的关键字和数据。

如果按顺序查找，在按地址访问的存储器中寻访一个字的平均操作是 $\frac{m}{2}$ 次（m 是存储器的字数总和），而在相关联存储器中仅需一次检索操作，因此有效提高了处理速度。因其能够进行快速查找，相关联存储器主要用于在虚拟存储器中存放段表、页表和快表，在高速缓冲存储器中存放地址以及在数据库与知识库中按关键字检索。

相关联存储器的基本组成如图 3-7 所示，其存储器采用高速半导体存储器组成。检索寄存器用来存放检索字，检索寄存器的位数和相关联存储器的存储的位数相等，每次检索时，取检索寄存器中的若干位作为检索项。屏蔽寄存器用来存放屏蔽码，屏蔽一些不用选择查找的字段，屏蔽寄存器的位数和检索寄存器的位数相同。符合寄存器用来存放查询比较的结果，其位数等于相关联存储器的地址数，每一位对应一个存储字，位的序数就是相关联存储器的地址。比较电路用于将检索项和存储器中所有单元内容的相应位进行比较，如果符合，就将符合寄存器的相应位置"1"，否则置"0"。代码寄存器用来存放存储体中读出的代码，或存放向存储体中写入的代码。

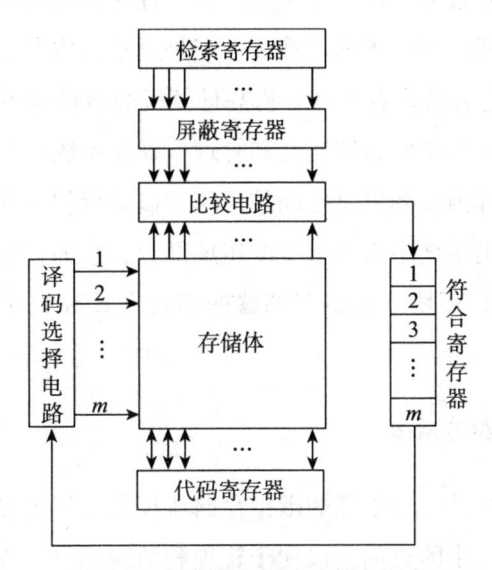

图 3-7 相关联存储器的基本组成

相关联存储器通过关键字寻访存储器，所谓关键字就是用于寻址存储器的字段，于是，存放在存储器中的字可以看成具有下列格式：

KEY DATA

其中 KEY 是关键字，DATA 是被读/写的信息。

检索寄存器给出了关键字的内容为"01"，屏蔽寄存器筛选出需要检索的字段，比较电路将存储体中的所有字的相应字段与"01"进行比较，若符合，则将符合寄存器的相应位置"1"，否则置"0"。

3.4 虚拟存储器

虚拟存储器是一种将磁盘空间扩展为内存空间的技术，使计算机可以使用比实际内存更大的地址空间来运行程序。它通过将内存中的部分数据暂时存储到磁盘上，以释放内存空间，从而允许运行更大、更复杂的程序。

虚拟存储器的主要原理是将程序的代码和数据分割成若干个固定大小的块，称为页面。当程序需要访问某个页面时，虚拟存储器会将该页面从磁盘上读取到内存中，并在必要时将其他页面暂时存储到磁盘上，以腾出内存空间。这样，程序就可以像访问内存一样访问磁盘上的数据。

虚拟存储器有以下优点：一是允许使用比实际内存更大的地址空间，从而允许运行更大、更复杂的程序。二是允许多个程序同时运行，每个程序都可以使用自己的地址空间，避免了地址冲突。三是通过将内存中的数据暂时存储到磁盘上，可以有效地释放内存空间，提高计算机的运行效率和性能。

虚拟存储器通常由操作系统实现和管理。操作系统负责将页面从磁盘上加载到内存中，并管理内存和磁盘空间的使用，以确保程序能够顺利运行。虚拟存储器是现代计算机系统中必不可少的组成部分，它为程序员和用户提供了更高效、更方便的计算环境。虚拟存储器的实现方式有 3 种：页式、段式和段页式。

3.4.1 页式虚拟存储器

页式虚拟存储器是一种常见的虚拟存储器技术，其主要思想是将内存和磁盘空间划分成固定大小的页面，以便于管理和访问。每个程序都有自己的虚拟地址空间，程序中的每个页面都可以独立地加载到内存中或从内存中换出到磁盘上，以满足程序对内存空间的需求。

页式虚拟存储器的主要组成部分包括以下几种。

（1）页面。页面是虚拟存储器的基本单位，通常大小为4KB或8KB。每个程序都有自己的虚拟地址空间，其内存空间被划分为若干个页面，每个页面都有自己的虚拟地址和物理地址。

（2）页表。页表是一个数据结构，用于存储虚拟地址和物理地址之间的映射关系。操作系统通过页表来实现页面的加载和换出，以及虚拟地址和物理地址的转换。

（3）页面置换算法。页面置换算法用于在内存不足时，选择页面将被替换出去。常用的页面置换算法包括最近最少使用算法、FIFO算法、时钟算法等。

页式虚拟存储器能够有效地利用磁盘空间扩展内存，从而实现更大的地址空间和更高的程序运行效率。它的优点有以下几点：一是允许使用比实际内存更大的地址空间，从而允许运行更大、更复杂的程序。二是允许多个程序同时运行，每个程序都可以使用自己的地址空间，避免了地址冲突。三是可以动态地调整内存空间的使用，以满足程序对内存空间的需求。

图 3-8 为页式虚拟存储器中逻辑地址与物理地址的转换关系。

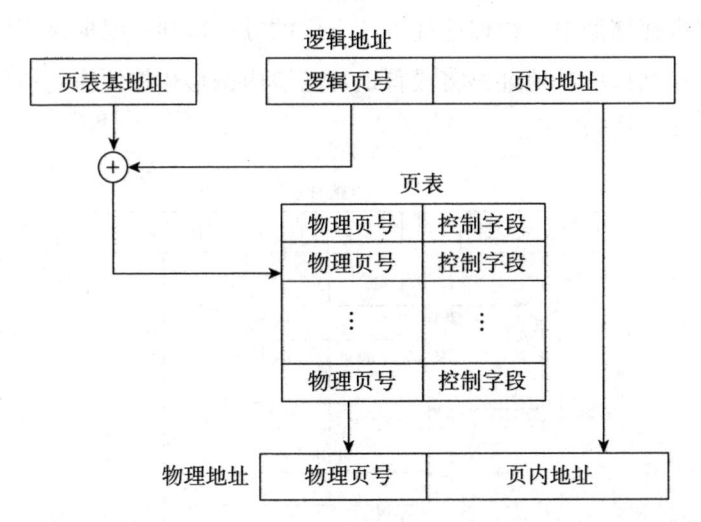

图 3-8 页式虚拟存储器中逻辑地址与物理地址的转换关系

3.4.2 段式虚拟存储器

段式虚拟存储器是一种虚拟存储器技术，其基本思想是将程序的地址空间划分为若干个段，每个段都有自己的段号和长度。不同于页式虚拟存储器以固定大小的页面作为基本单位，段式虚拟存储器以逻辑上有意义的段作为基本单位，提供更灵活的内存管理方式。

在段式虚拟存储器中，每个程序都有自己的地址空间，其中包含多个逻辑段。每个段都有一个唯一的标识符（段号），并且可以根据需要调整段的长度和位置。当程序需要访问某个段时，操作系统会根据段号和偏移量计算出物理地址，并将该段加载到内存中。段式虚拟存储器的优点如下：

（1）可以提供更灵活的内存管理方式，允许程序根据需要动态地调整段的长度和位置，从而避免了浪费内存的情况。

（2）可以使程序的设计更加灵活，允许程序员根据需要将程序分割成若干个逻辑段，便于程序的维护和修改。

（3）可以减少内存的碎片化，提高内存的利用率。

段式虚拟存储器与页式虚拟存储器各有优点，可以根据不同的应用场景选择不同的技术。段式虚拟存储器适用于需要更灵活的内存管理和更高的可编程性的应用，例如编译器、操作系统、图形处理等。

段式虚拟存储器中，物理地址可按下面的方法得到：根据该程序段的段号查找段表，得到该段首地址，将段首地址与段内偏移相加便得到该数据的物理地址，如图3-9所示。

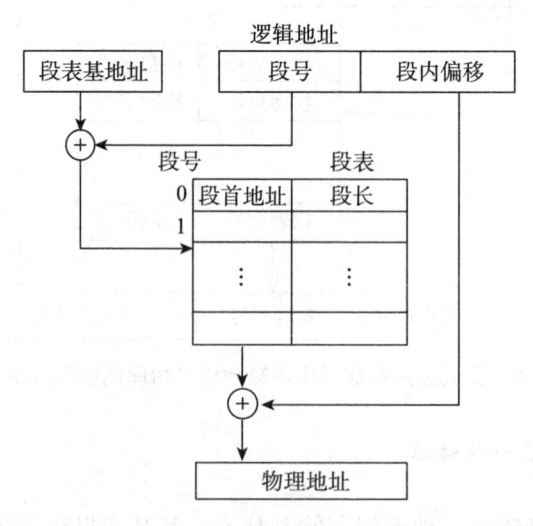

图3-9 段式虚拟存储器中逻辑地址与物理地址的转换关系

3.4.3 段页式虚拟存储器

段页式虚拟存储器是一种虚拟存储器技术，结合了段式和页式两种技术的优点，提供更灵活和高效的内存管理方式。在段页式虚拟存储器中，程序的地址空间被划分成若干个段和页面，每个段和页面都有自己的段号和页号，以及相应的段表和页表用于逻辑地址和物理地址的转换。

在段页式虚拟存储器中，逻辑地址被分为段号和偏移量两部分。操作系统首先通过段号找到段表中对应的段描述符，其中包含该段的起始地址和长度等信息。然后，根据段描述符中的信息，将偏移量转换为对应的页号和页内偏移量。接着，操作系统在页表中查找对应的页表项，找到对应的物理地址。

物理地址是实际的内存地址，可以直接用于访问内存中的数据。逻辑地址是程序中使用的地址，其格式和大小取决于处理器架构。物理地址是由操作系统根据逻辑地址和页表或段表转换而来的，是可以被处理器直接访问的实际内存地址。

段页式虚拟存储器能够提供更灵活的内存管理方式和更高效的地址转换，避免了传统的段式或页式虚拟存储器的一些限制。例如，段页式虚拟存储器可以根据需要动态地调整段和页面的大小和位置，以提高内存利用率。它也可以更好地支持多任务操作系统，使不同的程序可以共享内存，提高系统的整体性能和效率。图 3-10 为段页式虚拟存储器中逻辑地址与物理地址的转换关系。

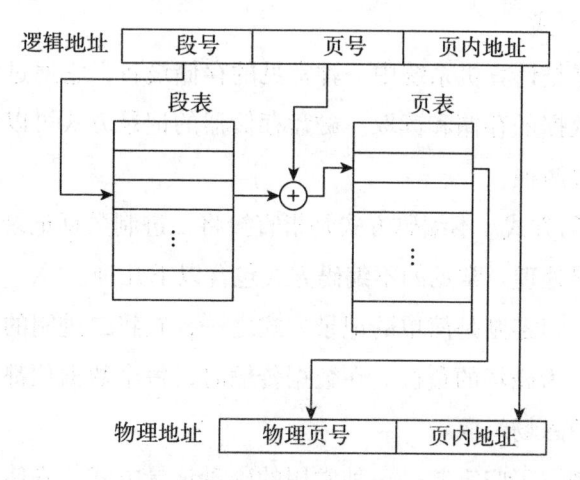

图 3-10 段页式虚拟存储器中逻辑地址与物理地址的转换关系

3.5 辅助存储器

3.5.1 磁盘存储器

1. 磁表面存储器原理

磁表面存储器是一种基于磁性材料的存储器技术，它使用磁头将磁性材料上的磁场表示为数据，以实现数据的存储和读取。其工作原理类似于磁盘驱动器，但是与磁盘驱动器不同的是，磁表面存储器使用的磁性材料厚度更薄、粒子更小，从而能够实现更高的数据存储密度和读写速度。

磁表面存储器中的磁头是一种能够感应磁场的设备，可以通过磁场的极性来表示 0 和 1 的二进制数值。当磁头接触到磁性材料表面时，它可以在表面上创建一个小的磁场，表示数据的 1 或 0。磁表面存储器使用的磁性材料通常是氧化铁或铬二氧化物，这些材料具有良好的磁性能和高稳定性，能够长期保存数据。

读取数据时，磁头会检测磁性材料表面上的磁场，并将其转换为电信号。数据的读取速度取决于磁头的速度、磁性材料的稳定性和磁头与磁性材料之间的距离等因素。写入数据时，磁头会在磁性材料表面上制造一个新的磁场，以表示数据的 1 或 0。写入数据的速度也取决于磁头的速度和磁性材料的响应速度。

2. 磁记录方式

磁盘存储器是计算机系统中一种常见的存储设备，它通过将数据记录到磁性介质上实现数据的存储和读取。磁盘存储器的记录方式可以分为不编码方式和按位编码方式两种。

（1）不编码方式。不编码方式是指直接将二进制数据记录在磁性介质上，不经过任何编码处理。常见的不编码方式包含以下几种。

①归零制。归零制是简单的记录方式之一，它将二进制的 0 表示为磁场的正极，将 1 表示为磁场的负极。在数据传输时，每个数据位都由一个正向的磁场和一个负向的磁场组成。

②不归零制。不归零制是一种常用的磁盘记录方式，它使用磁场的变化表示数据。具体来说，每个数据位的磁场会根据二进制值的不同，选择向正或负

极方向变化。优点是磁场连续区较少。

③逢1翻转不归零制。逢1翻转不归零制是一种改进的不归零制记录方式。它在每个数据位后插入一个反转磁场，以避免在连续的1位间形成过长的磁场连续区，提高数据的可靠性。

④逢0翻转不归零制。逢0翻转不归零制是一种与逢1翻转不归零制相反的记录方式，即在每个数据位后插入一个反转磁场，以避免在连续的0位间形成过长的磁场连续区。该方式的优点是磁场连续区较少。

（2）按位编码方式。按位编码方式是指将二进制数据进行编码处理后再记录到磁性介质上。它包括调频制、改进调频制和调相制等方式。

①调频制。调频制是一种常用的磁盘记录方式，它通过改变磁场的频率表示数据。具体来说，每个数据位都由一个高频和低频的磁场组成，高频表示1，低频表示0。在数据传输过程中，读写磁头会通过检测磁场的频率判断数据的值。调频制的优点是可以实现高密度数据存储。

②改进调频制。改进调频制是一种改进的调频制记录方式，它将每个数据位的高频和低频磁场变为同频磁场的相位差，以减少频率干扰的影响。具体来说，数据位1和0之间的磁场频率相同，但是相位差不同。在读取数据时，读写磁头会检测相位差来确定数据的值。改进调频制相对于调频制具有更高的信噪比和更好的抗干扰能力，适用于高速数据传输和高密度数据存储。

③调相制。调相制是一种将数据位编码为磁场的相位差的记录方式。具体来说，数据位1和0分别用正相位和负相位表示，相位差是通过改变磁场的起始位置来实现的。在读取数据时，读写磁头会检测相位差来确定数据的值。调相制相对于调频制和改进调频制具有更高的信噪比和更好的抗干扰能力，适用于高速数据传输和高密度数据存储。但是，调相制需要更高的精度和稳定性的磁头和磁介质，因此成本较高。

3. 磁盘存储器的组成

磁盘存储器是一种广泛应用于计算机系统中的存储设备，由盘片、磁头、马达和控制电路等组成，如图3-11所示。它通过在盘片表面记录数据，通过磁头对数据进行读写操作。根据磁头的种类和盘片的数量，磁盘存储器可以分为多种不同类型。

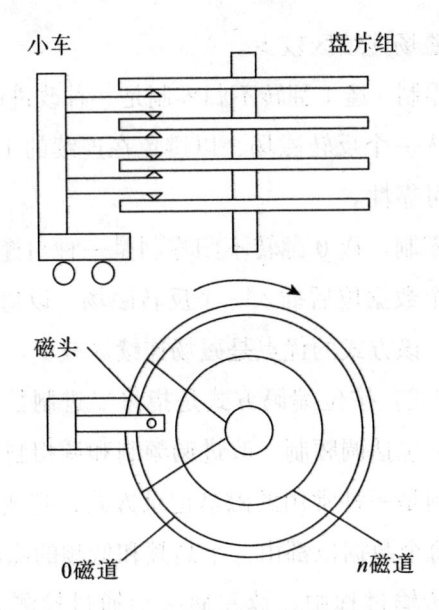

图 3-11　硬磁盘示意图

根据磁头的种类，磁盘存储器可以分为单面单磁头、单面双磁头、双面单磁头和双面双磁头等几种类型。单面单磁头的磁盘存储器只有一个磁头，能够读写单面的数据。单面双磁头的磁盘存储器有两个磁头，一个用于读写正面数据，另一个用于读写反面数据。双面单磁头的磁盘存储器只有一个磁头，但能够读写两面的数据，通过盘片的翻转实现正反面数据的读写。双面双磁头的磁盘存储器有两个磁头，一个用于读写正面数据，另一个用于读写反面数据。

根据盘片的数量，磁盘存储器可以分为单盘、双盘和多盘等几种类型。单盘的磁盘存储器只有一个盘片，能够存储单面的数据。双盘的磁盘存储器有两个盘片，能够存储正反两面的数据。多盘的磁盘存储器有多个盘片，通常有 3 到 5 个盘片。每个盘片都可以存储正反两面的数据。

在磁盘存储器中，盘片的转速对磁盘的读写速度和数据密度有很大影响。盘片的转速通常以每分钟转数（Revolutions Per Minute，简称 RPM）表示，常见的磁盘存储器转速有 5 400 RPM、7 200 RPM、10 000 RPM 和 15 000 RPM 等几种。

磁盘存储器上的数据被存储在磁道、扇段和扇区等逻辑结构中。磁道是盘片表面上的一个圆形轨迹，它被划分为若干个扇段，每个扇段包含了若干个扇区。扇区是存储器中最小的存储单元，它通常有 512 字节或更大的存储容量。

磁盘存储器的数据读写过程，通常由磁盘控制器负责控制，包括磁盘的旋转和磁头的位置控制等。

为了实现计算机系统和磁盘存储器之间的数据传输，磁盘存储器需要通过磁盘接口与计算机系统相连接。常见的磁盘接口包括集成驱动电接口（Integrated Drive Electronics Interface，简称 IDE）、串行先进技术总线附属接口（Serial Advanced Technology Attachment Interface，简称 SATA）、小型计算机系统接口（Small Computer System Interface，简称 SCSI）等。其中 IDE 和 SATA 是较为常见的接口类型，它们使用平行接口和串行接口分别传输数据。

4. 磁盘存储器的主要性能指标

（1）记录密度。记录密度是指在磁盘盘面上存储数据的能力。它通常用单位长度（比如每英寸磁道上的位数）来衡量。记录密度的提高可以实现更高的数据存储容量和更快的数据读写速度。其中

面密度 = 道密度 × 位密度

（2）存储容量。存储容量是磁盘存储器可以存储的数据量，通常用单位存储量（比如 GB、TB）来衡量。存储容量可以通过计算磁盘表面的总面积和记录密度来得出。例如，一个磁盘的表面积为 100 in^2，记录密度为 1 000 000 位/in^2，那么其存储容量就是 100 000 000 位或者 12.5 MB。早期每个扇区记录 512 B 的数据。因此

硬盘容量 = 柱面数 × 磁头数 × （扇区数/道）× 512 B

（3）平均寻道时间。平均寻道时间是指磁头从当前磁道移动到目标磁道所需的时间，它包括寻道时间、寻道延迟时间和磁头定位时间等。平均寻道时间的大小取决于磁头的速度和距离，以及磁头的定位精度。通过缩短平均寻道时间，可以提高磁盘存储器的读写速度和效率。

（4）旋转延迟时间。旋转延迟时间是指磁盘旋转一周所需的时间。它对于磁盘读写速度也有很大影响，因为磁盘的读写操作通常需要等待所需数据扇区旋转到磁头下方。旋转延迟时间的大小取决于磁盘旋转速度和所需数据扇区的位置。通过增加磁盘的旋转速度，可以缩短旋转延迟时间。

（5）传输时间。传输时间是指磁盘存储器将数据传输给计算机系统的时间。它取决于传输速率和数据量等因素。随着传输速率的提高和数据量的增加，传

输时间也会相应减少，从而提高磁盘存储器的性能。

（6）控制延迟时间。控制延迟时间是指在磁盘控制器和计算机系统之间传输数据所需的时间。它包括数据传输时间、命令执行时间、数据传输确认时间等。控制延迟时间的大小取决于控制器的速度和响应时间，以及传输数据的大小和复杂度。通过优化控制器的性能和传输协议，可以降低控制延迟时间，提高磁盘存储器的读写效率。

3.5.2 光盘存储器

1. 常见光盘分类

从使用角度来看，光盘可分为以下几种：

（1）只读存储光盘。

（2）一次写入光盘。

（3）可擦重写光盘。

（4）直接重写光盘。

2. 光盘存储器的工作原理

光盘存储器是一种使用激光技术的高密度数字存储设备，其工作原理基于激光在介质上的反射和折射。其使用的介质为光盘，在介质上记录的数据以微小的凹坑和凸起的形式存在，激光束经过聚焦和反射后可以将这些数据读出或写入。

在读取光盘上的数据时，激光束会从激光头中发射出来，通过透镜聚焦成一个非常小的光斑，照射在光盘表面。当光束照射在光盘上时，会发生反射和折射。光束经过凸起时，会发生反射并被激光头收集，而经过凹坑时，会被介质吸收而无法被激光头收集。这样，激光头只会接收到从凸起处反射回来的光信号，根据信号强度的变化，就可以判断出凹坑和凸起的位置和大小，从而读取出存储在光盘上的数据。图3-12为光盘数据的读取。

在写入光盘的数据时，激光头会将激光束聚焦成一个非常小的点，然后通过激光的高能量将光盘表面的介质蒸发或熔化，形成一个微小的凹坑，代表一个数字信号的0或1。通过这种方式，可以在光盘表面上记录大量的数字数据。

图 3-12　光盘数据的读取

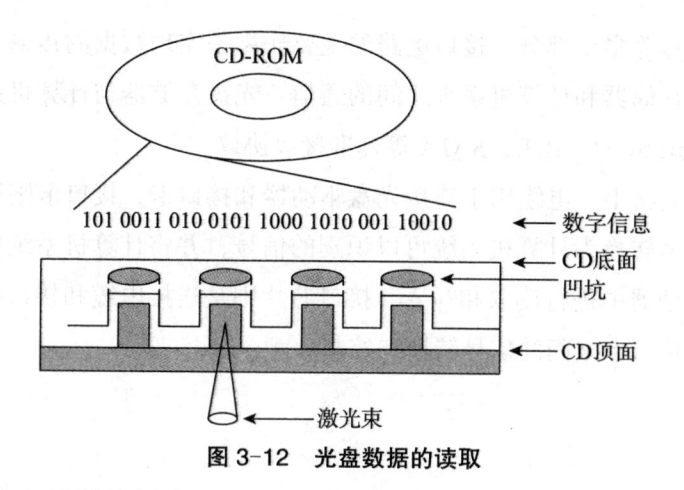

3. 光盘存储器的组成

光盘存储器是一种使用激光技术的高密度数字存储设备，主要由光盘驱动器、光盘控制器和接口电路等组成。其中，光盘驱动器负责读取和写入数据，光盘控制器则负责控制驱动器的运行和数据传输，接口电路则连接光盘存储器和计算机系统，实现数据的传输和控制。

光盘驱动器是光盘存储器中最为重要的组成部分，它由激光头、光盘转盘、马达和光电元件等多个部分组成。激光头负责发射和接收激光束，光盘转盘则负责旋转并定位光盘，马达则负责控制光盘转盘的旋转速度和位置，光电元件则负责接收光盘表面反射的光信号并将其转换为电信号。

在读取数据时，光盘驱动器会将激光束聚焦在光盘表面，然后旋转光盘并从表面反射回来的光信号读取出数据。在写入数据时，光盘驱动器则会使用高能量的激光将光盘表面的介质蒸发或熔化，形成微小的凹坑，来存储数字数据。

光盘控制器是负责控制光盘驱动器的运行和数据传输的组成部分，它由微处理器、存储器、时钟和控制逻辑等多个部分组成。光盘控制器可以控制光盘驱动器的读取和写入，也可以根据读取或写入的数据进行处理和传输。

在读取数据时，光盘控制器会将光盘驱动器发出的信号转换为数字信号，并进行纠错和格式化处理，然后将数据传输到计算机系统中。在写入数据时，光盘控制器则会将计算机系统中的数字信号转换为激光驱动器可以识别的信号，并将其发送到光盘驱动器中进行写入。

接口电路是连接光盘存储器和计算机系统的组成部分，它包括电缆、接口卡和接口芯片等多个部分。接口电路的主要作用是实现数据的传输和控制，以及连接光盘存储器和计算机系统之间的通信。光盘存储器与计算机系统之间的接口通常使用 SCSI、IDE、SATA 等标准接口协议。

在接口电路中，电缆用于连接光盘驱动器和接口卡，接口卡则用于将光盘驱动器的信号转换为计算机系统可以识别的信号，并将计算机系统中的信号发送到光盘驱动器中进行读取和写入。接口芯片则是连接电缆和接口卡的部件，它将电缆和接口卡之间的信号转换和控制。

第4章 指令系统与控制器

4.1 指令系统概述

4.1.1 指令与指令系统

指令是指示计算机执行某种操作的命令，在计算机内部以二进制代码形式表示，能够被计算机直接识别和理解。有关指令的几个概念如下：

（1）指令字：代表指令的一组二进制信息。

（2）指令字长：一条指令中所包含的二进制码的位数。它主要取决于操作码的长度、操作数地址的长度和操作数地址的个数。不同计算机的指令字长是不同的。

（3）机器字长：即计算机字长，指计算机能直接处理的二进制数据的位数，它决定了计算机运算的精度。

指令和数据都存放在存储器中，因此指令字长一般与机器字长有着简单的对应关系。通常机器字长是字节长度的整数倍，即8位、16位、32位或64位。而指令字长与机器字长不存在固定的关系，指令字长可以小于或等于机器字长，这种指令称为短格式指令；指令字长也可以大于机器字长，这种指令称为长格式指令。

随着计算机技术的不断发展，为了合理地安排存储空间，并使指令能够表达较丰富的含义，同一种计算机的指令系统可以采用变字长的措施，即有的指令字长等于机器字长，称为单字长指令；有的指令字长是机器字长的整数倍，如指令字长等于两个机器字长，这种指令称为双字长指令。

在指令系统中，一般有半字长、单字长、双字长、三字长指令。短字长指令所占存储空间小，长字长指令则可以表示更多的操作信息。通常将最常用的指令设计成短字长指令，以便节省存储空间，并提高指令的执行速度。采取变字长指令格式时，通常将操作码放在最前面一个字节，以便知道这是一条什么指令，该指令有多长，还应该取几次指令码。采用变字长的指令系统在格式上比较灵活。

指令系统指一台计算机中所有机器指令的集合，即一台计算机所能执行的全部操作，是表征一台计算机性能的重要因素。指令系统集中反映了计算机具有的功能，是软件和硬件的主要接口，其格式和功能不仅影响到计算机的硬件结构，而且还直接影响到系统软件以及计算机的适用范围。

计算机程序最基本的操作单元是计算机指令，它是计算机硬件所能识别和执行的操作命令。计算机指令由操作码、操作数和寻址方式三部分构成。操作码表示指令所需的操作类型，例如加减乘除等。操作数表示操作码所需操作的数据，例如两个加数。寻址方式表示操作数在主存储器中寻址的方式，例如直接寻址和间接寻址。

计算机指令系统是所有指令的集合。指令根据不同功能和特点进行分类，包括数据传输指令、算术运算指令、逻辑运算指令和控制转移指令等。指令的数量、格式、执行时间和功能是指令系统设计时需要考虑的因素，需要在不同应用场景之间进行平衡。

指令系统的设计影响计算机的功能，包括执行速度、功耗和可扩展性等。传统的指令系统设计方法是基于硬件实现指令执行逻辑，但随着计算机体系结构的发展和软件的普及，出现了基于编译器和微程序的指令系统设计方法。

指令系统的设计是计算机体系结构设计中关键的问题之一，需要综合考虑多个因素。不同的指令系统设计方法可以实现不同的计算、数据处理和控制操作，因此指令系统设计是计算机功能的重要决定因素。

4.1.2 指令系统的要求

计算机指令系统是计算机体系结构中重要的组成部分，决定了计算机可以执行的操作种类和效率。为了满足各种应用场景的需求，计算机指令系统设计必须满足多个方面的要求。其中，完备性、有效性、规整性和兼容性是指令系统设计的关键要求之一。

1. 完备性

完备性是指指令系统必须包含足够数量和种类的指令，以满足各种计算和数据处理的需求。指令系统需要包括各种基本的算术运算、逻辑运算和位运算，以及高级的数据处理操作，例如矩阵运算、图像处理和音视频编解码等。指令系统还需要支持高效的存储器操作，例如数据传输、地址计算和中断处理等。指令系统的完备性直接影响计算机的功能和性能。

2. 有效性

有效性是指指令系统的指令必须具有高效的执行效率和低功耗的特点。指令系统需要支持高速的指令执行和高效的流水线结构，以实现高性能的计算和数据处理。指令系统需要支持多级流水线、分支预测和乱序执行等技术，以进一步提高执行效率。指令系统还需要支持低功耗的电路设计和高效的指令编码方式，以实现低功耗的计算和数据处理。

3. 规整性

规整性是指指令系统中指令格式和操作码需要具有规律性和一致性。指令格式和操作码的规律性可以使指令系统的设计和实现更加简单和高效。指令格式和操作码的一致性可以使指令的使用和编程更加方便和易于掌握。

4. 兼容性

兼容性是指指令系统需要向前兼容和向后兼容，以保持与旧系统和软件的兼容性。指令系统的兼容性可以保证现有软件和硬件的可继承性和可移植性，也可以减少升级和更换硬件的成本和风险。指令系统的兼容性需要考虑旧系统和软件的指令系统结构、操作码和寻址方式等因素。

4.2 寻址方式

4.2.1 指令寻址

指令寻址分为两种：顺序寻址和跳跃寻址。

1. 顺序寻址

顺序寻址是指计算机按顺序从主存储器中读取操作数。在顺序寻址中，操作数的地址是按顺序递增的，每个操作数的地址都是前一个操作数地址加上一个固定的值。例如，如果第一个操作数的地址是1000，而每个操作数占用4个字节，则下一个操作数的地址就是1004，再下一个操作数的地址就是1008，以此类推。顺序寻址的优点是简单、快速、易于实现，但是不够灵活，不能实现跨越较大距离的寻址。

2. 跳跃寻址

跳跃寻址是指计算机根据指令中给出的跳跃地址来读取操作数。在跳跃寻址中，指令中包含了要读取操作数的地址，而这个地址并不是按顺序递增的。例如，如果要读取一个数组中的第50个元素，则需要跳跃到数组的第一个元素地址，并且在该地址基础上加上一个固定的偏移量，才能得到要读取的操作数的地址。跳跃寻址的优点是可以实现跨越较大距离的寻址，具有一定的灵活性。

4.2.2 数据寻址

数据寻址是计算机中的一种寻址方式，用于获取数据的主存储器地址。在计算机中，数据通常存储在主存储器中，为了对数据进行操作，需要通过地址来访问主存储器中的数据。数据寻址可以根据指令中给出的地址或地址偏移量等信息，计算出要访问的数据在主存储器中的地址。数据寻址通常是由CPU中的地址寄存器和地址生成单元来实现的。数据寻址是计算机中重要的组成部分，直接影响计算机的功能。数据寻址指令的格式如图4-1所示。为方便表示，之后图中的OP表示指令的操作码字段，MOD表示寻址方式（Addressing Mode），A表示指令的地址码字段。

| 操作码 | 寻址方式 | 地址码 |

图 4-1　数据寻址指令的格式

1. 立即寻址

立即寻址用于直接将数据值作为指令的一部分来操作，而不需要通过主存储器来获取。在立即寻址中，指令中包含了要操作的数据值，CPU直接将这个数据值加载到寄存器或指定主存储器位置中，以实现数据操作。立即寻址可以实现快速的数据操作，不需要额外的主存储器访问，因此常用于执行简单的算术和逻辑操作。由于立即寻址方式中指令所包含的数据值通常比较小，无法处理较大的数据块，因此需要在不同的寻址方式中进行选择，以适应不同的应用需求。立即寻址方式示意图如图 4-2 所示。

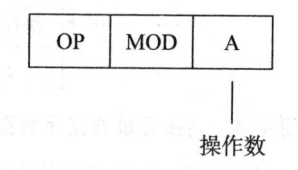

图 4-2　立即寻址方式示意图

2. 直接寻址

直接寻址用于直接访问主存储器中的数据。在直接寻址中，指令中包含了要访问的数据的主存储器地址，CPU 直接通过地址总线访问主存储器中的数据，然后将数据加载到寄存器或指定主存储器位置中。直接寻址方式简单、快速、易于实现，通常用于简单的数据操作，例如赋值、比较、移动等操作。在实际应用中，需要综合考虑不同的寻址方式，选择合适的寻址方式来实现不同的数据操作需求。直接寻址方式示意图如图 4-3 所示。

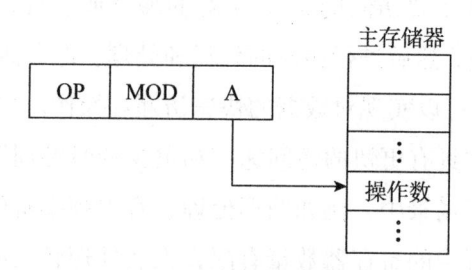

图 4-3　直接寻址方式示意图

3. 间接寻址

间接寻址通过间接引用一个主存储器地址来获取数据。在间接寻址中，指令中包含了要访问的主存储器地址的地址，CPU 首先读取这个地址中存储的主存储器地址，然后通过地址总线访问主存储器中的数据，并将数据加载到寄存器或指定主存储器位置中。间接寻址方式可以实现动态的内存分配和管理，提高系统的灵活性和安全性。间接寻址方式也有一定的运算和时钟周期的开销，因此在实际应用中需要根据不同的应用需求选择合适的寻址方式。间接寻址方式示意图如图 4-4 所示。

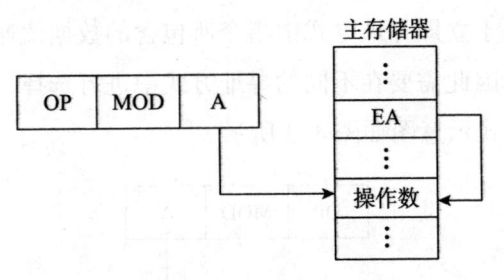

图 4-4 间接寻址方式示意图

间接寻址可将主存储器地址 A 单元内容作为数据地址的指针，用来指示操作数的存放位置，因此，不用修改指令，只要修改 A 单元的内容就可以改变操作数的地址，方便了程序设计者的操作。间接寻址方式可以扩大寻址范围，因为尽管指令中的地址码较短，但是访问一次主存储器后，A 单元中的内容可以是较长的地址码再来访问较大范围的主存储器。间接寻址方式要多访问一次主存储器，因此指令的执行速度减慢。

4. 寄存器寻址

寄存器寻址通过直接引用寄存器中存储的数据来进行数据操作。在寄存器寻址中，指令中包含了要访问的寄存器 R_i 的编号或名称，CPU 直接从寄存器中获取要操作的数据，然后进行相应的计算和处理。寄存器寻址方式具有快速、高效、简单的特点，可以实现对数据的快速访问和操作。与其他寻址方式相比，寄存器寻址方式通常具有更快的访问速度和更少的时钟周期开销，因此常用于数据操作频繁的应用场景中，例如图形处理、音视频编解码、游戏等。但是，寄存器寻址方式中可用的寄存器数量有限，无法处理较大的数据块，因此需要在不同的寻址方式中进行选择，以适应不同的应用需求。寄存器寻址方式示意图如图 4-5 所示。

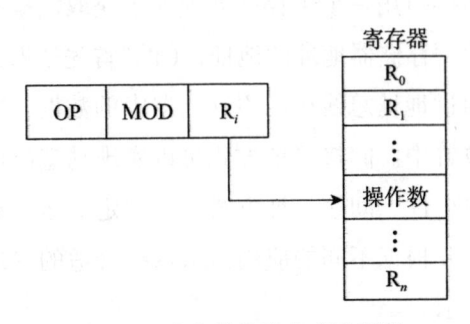

图 4-5 寄存器寻址方式示意图

5. 寄存器间接寻址

寄存器间接寻址通过寄存器中存储的地址来获取数据。在寄存器间接寻址方式中，指令中包含了要访问的寄存器 R_i 的编号或名称，CPU 首先从该寄存器中读取一个主存储器地址，然后通过该地址访问主存储器中的数据，最终将数据加载到寄存器或指定主存储器位置中。寄存器间接寻址方式具有动态性、灵活性和高效性的特点，可以实现动态主存储器的分配和管理，提高系统的灵活性和安全性。寄存器间接寻址方式常用于访问数据结构和数组等复杂数据类型，例如链表、树、哈希表等。寄存器间接寻址方式示意图如图 4-6 所示，其中 $EA=(R_i)$。

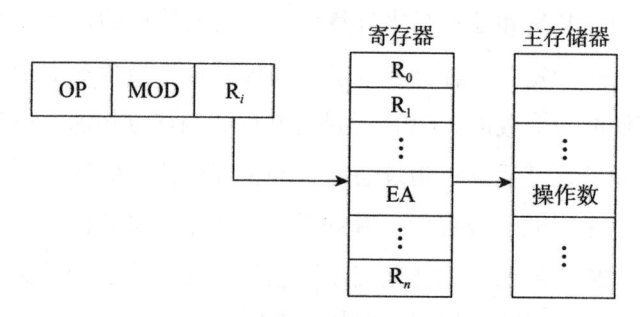

图 4-6 寄存器间接寻址方式示意图

6. 变址寻址

变址寻址方式即在指令中指定一个寄存器作为变址寄存器，或者计算机默认某个寄存器为变址寄存器，并且指令的地址码字段给出一个数值 A（称为变址偏移量），变址寻址方式就是将该偏移量 A 加上变址寄存器的内容作为操作数的有效地址，即 $EA=(R_i)+A$。变址寻址过程如图 4-7 所示。

变址寻址是一种广泛使用的寻址方式，其目的不是扩大寻址空间，而是实现程序块的规律变化。通常指令中的形式地址 A 作为基准地址，而变址寄存器的内容作为修改量。在遇到需要频繁修改地址的情况时，无须修改指令，只要修改寄存器中的值就可以了。它特别适用于字符串处理、数组运算等成组数据处理。有些计算机设置了自动对变址寄存器内容增 1 和减 1 的功能，在读写完一个数据后，使变址寻址得到的地址自动指向下一个数据。

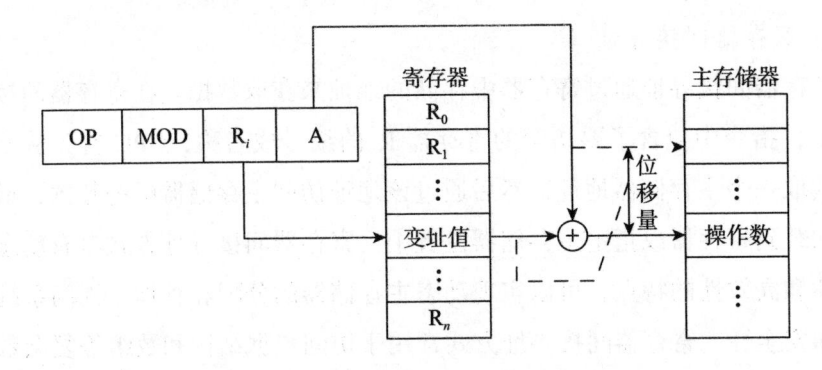

图 4-7　变址寻址方式示意图

7. 基址寻址

基址寻址通过基址和偏移量来计算出要访问的数据的地址。在基址寻址方式中，基址是一个固定的主存储器地址，而偏移量则是指令中指定的一个常数或寄存器中存储的一个数值。CPU 通过将基址和偏移量相加，得到要访问的数据的主存储器地址，然后通过地址总线访问主存储器中的数据，并将数据加载到寄存器或指定主存储器位置中。基址寻址方式具有灵活性、高效性和动态性的特点，可以适应不同的数据访问需求。基址寻址方式也可以避免指令中直接包含数据地址的安全风险，提高系统的安全性。

基址寻址方式常用于访问数据块、数组和结构体等数据类型。在基址寻址方式中，基址通常指向一个数据块或数组的起始地址，偏移量指向要访问的数据在数据块或数组中的偏移位置。例如，在访问一个数组中的第三个元素时，可以将基址设置为数组的起始地址，将偏移量设置为第三个元素的偏移量（比如每个元素占用 4 个字节，则第三个元素的偏移量为 8），然后通过基址寻址方式获取要访问的数据的主存储器地址。基址寻址方式也可以结合其他寻址方式来实现更灵活的数据访问方式，例如变址寻址、相对寻址等。

基址寻址方式具有灵活、高效和安全的特点。基址寻址方式示意图如图 4-8 所示。

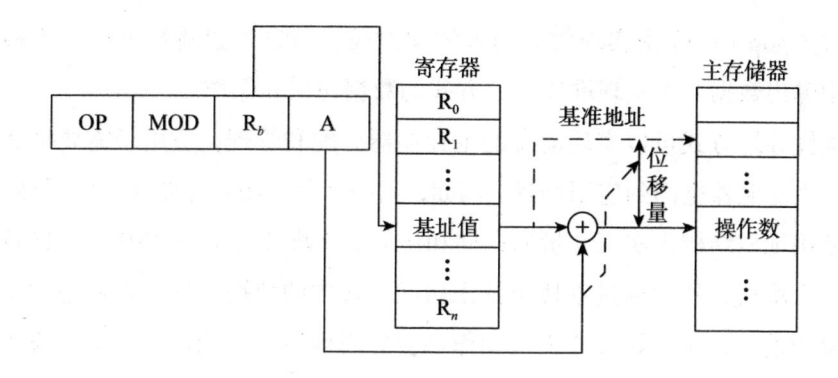

图 4-8　基址寻址方式示意图

8. 基址变址寻址

基址变址寻址通过基址和偏移量的和来计算出要访问的数据的地址。在基址变址寻址方式中，基址和偏移量均可以是常数或寄存器中存储的数值，CPU通过将它们相加，得到要访问的数据的主存储器地址，然后通过地址总线访问主存储器中的数据，并将数据加载到寄存器或指定主存储器位置中。基址变址寻址方式可以实现灵活、高效、动态的数据访问和操作，常用于访问数据结构和数组等复杂数据类型。

9. 相对寻址

相对寻址通过当前指令的地址和指令中给出的偏移量来计算出要访问的数据的地址。在相对寻址方式中，指令中包含了一个偏移量或地址差值，CPU通过将指令中的偏移量与当前指令的地址相加或相减，得到要访问的数据的主存储器地址，然后通过地址总线访问主存储器中的数据，并将数据加载到寄存器或指定主存储器位置中。

相对寻址方式常用于实现跳转、分支和循环等控制结构，例如实现if、while、for等语句。在相对寻址方式中，偏移量通常是相对于当前指令的偏移量，因此可以实现相对较小范围内的寻址，而且无须预先确定基址，实现动态主存储器分配和管理。相对寻址方式也可以与其他寻址方式结合使用，例如基址寻址、变址寻址等，以实现更灵活、高效的数据访问方式。

10. 堆栈寻址

堆栈寻址通过使用堆栈结构来实现数据的存储和访问。在堆栈寻址方式中，堆栈是一种后进先出的数据结构，可以存储多个数据元素，并通过压栈（push）

和出栈（pop）操作来实现数据的入栈和出栈。CPU通过将数据压入堆栈或从堆栈中弹出数据，来实现堆栈寻址方式的数据访问和操作。

堆栈寻址方式可以实现动态的主存储器分配和管理，适用于需要动态分配和管理主存储器空间的应用场景。例如，当一个程序需要存储多个临时变量时，可以使用堆栈结构来实现变量的存储和访问。在堆栈寻址方式中，CPU首先将数据压入堆栈，然后通过堆栈指针来访问堆栈中的数据。堆栈指针通常指向栈顶元素的地址，每次压栈或出栈操作都会更新堆栈指针的值。在实际应用中，堆栈寻址方式通常使用栈顶寄存器来保存堆栈指针的值，从而实现对堆栈的快速访问和操作。

堆栈寻址方式还可以结合别的寻址方式来实现更高效、灵活的数据访问方式。例如，堆栈寻址方式可以与相对寻址方式结合使用，实现对相对地址的访问。堆栈寻址方式还可以用于实现函数调用、中断处理等复杂操作，通过将函数参数、返回值和局部变量等数据压入堆栈中，实现对函数数据的存储和访问。

4.3 指令格式

4.3.1 指令格式的概述

指令格式是指计算机指令的编码格式和组成方式。每个计算机指令都由一组编码构成，这些编码被解释为特定的操作，可以实现特定的计算、数据操作或程序控制。

1. 指令格式的分类

指令格式可以分为多种类型，通常由操作码和操作数两部分组成。操作码是指令的类型或指令类型码，用来描述指令的功能或操作类型。操作数是指令的操作对象或数据，包括源操作数和目标操作数。根据操作数的个数和组成方式不同，指令格式可以分为以下几种类型：

（1）无操作数指令。该指令没有操作数，只包括操作码。

（2）单操作数指令。该指令只有一个操作数，通常是源操作数或目标操作数。

（3）双操作数指令。该指令包括两个操作数，通常是源操作数和目标操作数。

（4）多操作数指令。该指令包括多个操作数，可以是源操作数、目标操作数、标志寄存器等。

2. 操作数的分类

操作数通常包括以下几种类型。

（1）寄存器操作数。操作数为寄存器中的数据。

（2）立即数操作数。操作数为指令中直接给定的常数。

（3）直接寻址操作数。操作数为主存储器地址中的数据。

（4）变址寻址操作数。操作数为变址寻址方式得到的数据。

4.3.2 指令格式的设计

指令格式也可以包括其他信息，如操作数的数据类型、操作数的长度、指令地址等。不同的指令格式可以支持不同的操作和数据类型，可以根据具体的应用场景进行选择和设计。

在实际应用中，指令格式的设计需要考虑多方面因素，如指令的复杂度、编码长度、执行效率、存储空间等。通常，指令格式的设计需要综合考虑这些因素，以实现高效、灵活、可靠的数据操作和程序控制。在 IBM 370 计算机中，大部分指令采用的是 8 位操作码，仅有少数（如启动、测试和暂停输入输出设备等）指令的操作码可以扩展为 16 位。其中 8 位操作码指令有 5 种基本指令格式，如图 4-9 所示。

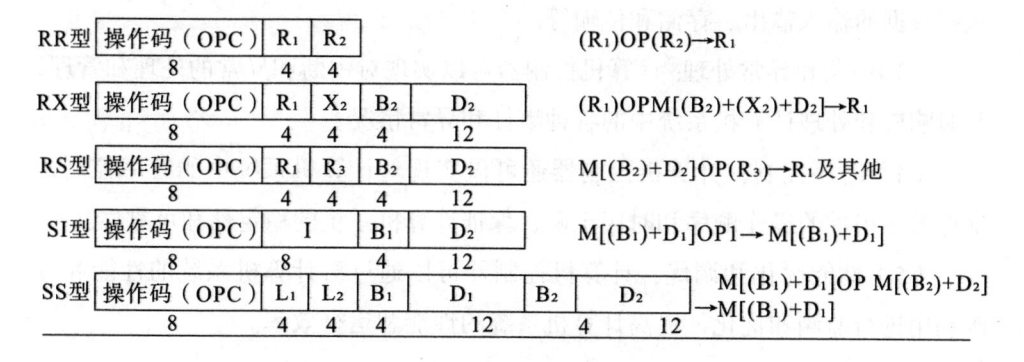

类型	格式	操作
RR型	操作码（OPC）[8] R$_1$[4] R$_2$[4]	(R$_1$)OP(R$_2$)→R$_1$
RX型	操作码（OPC）[8] R$_1$[4] X$_2$[4] B$_2$[4] D$_2$[12]	(R$_1$)OPM[(B$_2$)+(X$_2$)+D$_2$]→R$_1$
RS型	操作码（OPC）[8] R$_1$[4] R$_3$[4] B$_2$[4] D$_2$[12]	M[(B$_2$)+D$_2$]OP(R$_3$)→R$_1$ 及其他
SI型	操作码（OPC）[8] I[8] B$_1$[4] D$_1$[12]	M[(B$_1$)+D$_1$]OP1→ M[(B$_1$)+D$_1$]
SS型	操作码（OPC）[8] L$_1$[4] L$_2$[4] B$_1$[4] D$_1$[12] B$_2$[4] D$_2$[12]	M[(B$_1$)+D$_1$]OP M[(B$_2$)+D$_2$] →M[(B$_1$)+D$_1$]

图 4-9 IBM 370 计算机 8 位操作码指令格式

图中 R_1、R_2、R_3 分别表示源操作数寄存器和目标操作数寄存器，B_1、B_2 表示基址寄存器，D_1、D_2 表示偏移量，I 表示立即数，L_1、L_2 表示数的长度。操作码的高两位标识指令的长度与格式，其余 6 位标识不同的指令，最多可有 64 条。高两位的作用如下：

00 表示 RR 型，指令字长 16 位。

01 表示 RX 型，指令字长 32 位。

10 表示 RS 型或 SI 型，指令字长 32 位。

11 表示 SS 型，指令字长 48 位。

其中，R 表示寄存器，S 表示存储器，X 表示变址寻址，I 表示立即数。指令长度有 16 位、32 位和 48 位 3 种，包含单地址、二地址和三地址指令。

4.4 控制器

4.4.1 控制器的概述

1. 控制器的功能

控制器是计算机中的一个重要组成部分，它的主要功能是实现对计算机系统中各个组件的控制和管理。计算机控制器的主要功能包括以下几个方面：

（1）指令译码和执行控制：计算机控制器可以对计算机指令进行译码和执行控制，将指令翻译成可执行的操作序列，并实现对计算机各个组件的控制和管理。

（2）数据通路控制：计算机控制器还可以实现对数据通路的控制和管理，包括数据的输入输出、存储和传输等。

（3）中断和异常处理：计算机控制器可以实现对中断和异常的处理和管理，及时响应和处理计算机系统中的各种事件和异常情况。

（4）时序控制：计算机控制器还可以实现对计算机系统中的时序控制，确保各个组件的操作顺序和时序正确，保证计算机系统的稳定性和可靠性。

（5）性能优化和调优：计算机控制器可以通过对计算机系统的性能和资源利用进行监测和优化，提高计算机系统的性能和运行效率。

2. 控制器的组成

控制器是计算机系统的一个重要组成部分，它负责实现对计算机各个组件的控制和管理，完成指令译码、数据传输、中断处理等多种操作。图 4-10 为控制器的基本组成和各组成部件的作用。计算机控制器由多个组件和模块组成，包括以下几个方面。

（1）程序计数器是一个专门的寄存器，用于保存下一条要执行的指令的地址。计算机控制器会从程序计数器中读取下一条指令的地址，并将其送入地址总线上，以实现指令的读取和执行。

（2）指令寄存器用于存放当前正在执行的指令，当指令从主存储器中读取后，它会被存储到指令寄存器中。指令寄存器的内容会被送入指令译码器进行解码，以完成指令的执行。

（3）指令译码器用于将指令寄存器中的指令进行译码，将指令翻译成可执行的操作序列，并产生对各个功能部件的控制信号，以实现指令的执行。

（4）地址生成部件用于生成指令中涉及的地址。通过基址寄存器、变址寄存器、偏移量等参数，地址生成部件可以计算出指令中的操作数所在的主存储器地址，并将地址送入地址总线上，以完成数据传输和操作。

（5）时钟电路是计算机控制器中的一个重要组成部分，用于产生计算机系统的时钟信号。时钟信号可以用于同步各个部件的操作，保证计算机系统的稳定性和可靠性。

（6）脉冲源不断产生一定频率和宽度的时钟脉冲，受到启停逻辑电路控制其开关。

（7）节拍发生器用于产生计算机系统中的节拍信号，以控制各个部件的操作和运行。节拍发生器可以根据系统的时钟信号和预设的节拍周期，生成相应的节拍信号，用于同步计算机系统中各个部件的操作。

（8）启停逻辑用于控制计算机系统的启停和复位。当计算机系统启动时，启停逻辑会初始化各个寄存器和部件，准备系统的运行。当计算机系统停止时，启停逻辑会关闭各个部件和功能模块，完成系统的停止。

（9）中断控制逻辑用于处理计算机系统中的中断事件。当计算机系统中出现需要处理的中断事件时，中断控制逻辑会暂停当前指令的执行，保存现场，跳转到中断处理程序，完成中断处理操作。处理完成后，中断控制逻辑会恢复现场，返回到中断前的指令继续执行。

（10）状态标志寄存器用于存储计算机系统的状态标志信息，包括进位标志、零标志、负数标志、溢出标志等。当进行特定的操作时，这些标志信息会被修改，并存储到状态标志寄存器中，用于后续指令的判断和执行。

（11）微操作信号发生器用于产生各种微操作信号，控制计算机系统中各个功能部件的操作。当指令经过指令译码器进行解码后，微操作信号发生器会根据指令类型和操作数信息，产生相应的微操作信号，用于控制寄存器、数据通路、运算器、存储器等部件的操作。

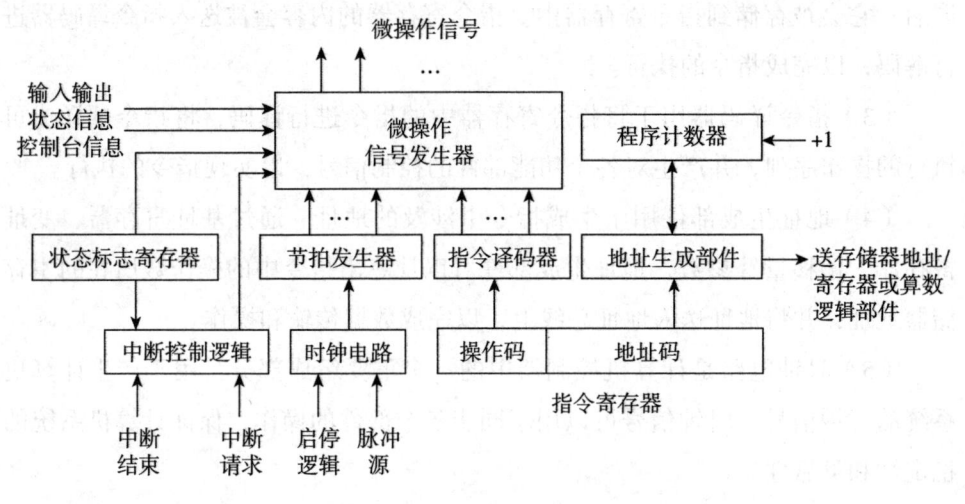

图 4-10 控制器组成的示意图

4.4.2 硬布线控制器

1. 硬布线控制器的设计方法

硬布线控制器是计算机控制器的一种实现方式，它采用硬件电路的形式来实现计算机控制和管理功能。硬布线控制器的设计方法包括以下几种：

（1）确定指令系统：硬布线控制器的设计需要先确定计算机的指令系统和功能要求。根据指令系统的复杂度和功能要求，选择合适的硬件电路实现方式，包括指令译码器、寄存器、数据通路、运算器、时钟电路等。

（2）逻辑电路设计：根据指令系统和功能要求，设计适当的逻辑电路来实现指令的解码、操作数的传输、运算和存储等功能。通过布线、电路设计和模拟仿真等方式，优化电路结构，保证电路的稳定性和可靠性。

（3）组合逻辑与时序逻辑设计：硬布线控制器的设计需要考虑到组合逻辑和时序逻辑的关系，确保电路的时序正确和同步。在设计过程中，需要通过时序图、状态转移图等方式，对各个功能模块的时序控制和操作顺序进行规划和优化。

（4）存储器设计：硬布线控制器需要使用存储器来存储指令和数据，需要对存储器进行设计和优化。可以选择使用 SRAM、DRAM、ROM 等存储器类型，根据需要选择存储器容量和访问速度等参数。

（5）硬件电路优化：在硬布线控制器的设计过程中，需要对各个功能模块进行优化，降低电路复杂度和功耗，提高电路效率和可靠性。可以使用多级插针、串联连接等技术来减少硬件电路的复杂度，使用节能技术和散热技术来降低功耗和热量。

2. 硬布线控制器的结构与原理

硬布线控制器的结构包含以下几个方面：

（1）指令寄存器用于存储当前执行的指令。

（2）程序计数器用于存储下一条要执行的指令的地址。

（3）指令译码器用于解析指令寄存器中的内容，将其转换为可被执行的操作步骤。

（4）控制逻辑用于产生控制信号，控制计算机执行相应的操作。

（5）数据通路用于传输数据，并进行运算和存储。

（6）存储器用于存储指令和数据。

（7）时钟电路和脉冲源用于产生时钟和脉冲信号，同步各个功能模块的操作，保证控制器的稳定性和可靠性。

硬布线控制器的结构需要考虑到控制器的功能需求、性能要求和成本等多方面因素。在硬件电路设计中，需要进行详细的分析和设计，确保硬件电路的正确性和可靠性。

硬布线控制器的原理是采用硬件电路实现指令的解码、操作数的传输、运算和存储等功能。硬件电路是由多个逻辑门和触发器等基本逻辑组件组成的。

每个逻辑门实现一个基本逻辑功能，每个触发器实现一个存储功能，通过这些基本逻辑组件的组合和连接，实现了硬布线控制器的各种功能。

硬布线控制器的指令系统和功能要求是硬件电路设计的基础。指令系统的设计需要考虑到控制器的性能、功能、复杂性和成本等因素。硬件电路的设计需要根据指令系统的需求，设计出相应的电路结构，保证指令的正确解码和操作的正确执行。

硬布线控制器的原理是通过硬件电路实现指令的解码和操作的执行。硬件电路具有高速、低功耗、可靠性和灵活性高等优点。

3. 硬布线控制器的时序系统

一个指令系统，其每条指令所需要的机器周期数可能不相同，有些指令需要 2 个机器周期，而有些指令需要 4 个机器周期。如果时序采用同步控制方式，则效率较低，故硬布线控制器的时序通常采用联合控制方式。因此在硬布线控制器中，要依据指令来产生指令所需的不同的机器周期信号序列，而每个机器周期一般是由 2 个或 4 个固定的时钟周期组成的，如图 4-11 所示为具有 3 个机器周期的一条指令的周期时序，每个机器周期又由 4 个固定的时钟周期构成。

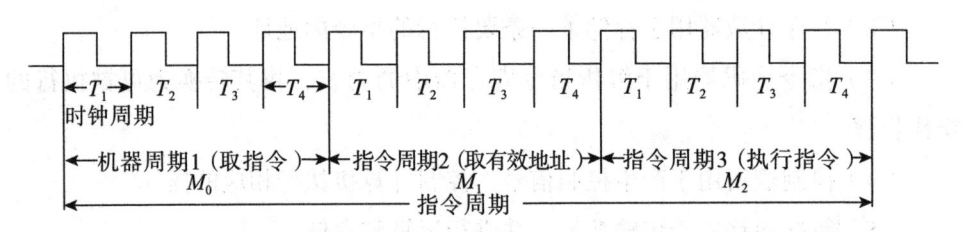

图 4-11 指令周期、机器周期与时钟周期

机器周期信号一般可以采用计数器输出译码的方式产生。若指令系统的所有机器指令中，最长的一条指令包含 n 个机器周期，则需要 $m=\lceil \log_2 n \rceil$ 位的计数器通过 $m:2^m$ 译码器输出机器周期信号：$M_0, M_1, \cdots, M_{n-1}$。与一般的自增或自减计数器不同，该计数器必须遵照不同指令的需求产生不同的计数顺序。图 4-12 所示为机器周期信号产生电路的示意图，其中 $m=\lceil \log_2 n \rceil$。

假设某机器的指令系统有两条指令，执行指令 A 需要 3 个机器周期，而执行指令 B 需要 4 个机器周期，则必须产生的机器周期信号有 4 个：$M_0 \sim M_3$。计数器使用 2 位二进制计数。指令 A 的指令周期包含 3 个机器周期 $M_0 \to M_1 \to M_2$，则计数器的计数变化状态如图 4-13（a）所示。指令 B 的指令周期包含 4 个机器周期 $M_0 \to M_1 \to M_2 \to M_3$，则计数器的变化状态如图 4-13（b）所示。可以发现，计数器以格雷码的形式编码。01 状态变化至 11 状态，再变化至 10 状态，以避免 01 至 10 状态时两个触发器同时翻转造成毛刺。假设指令系统中只有 A 和 B 指令，则可以画出状态转移图，如图 4-13（c）所示。

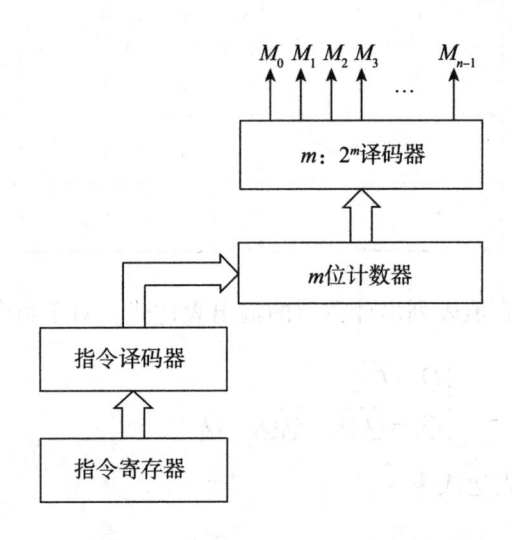

图 4-12 机器周期信号产生电路

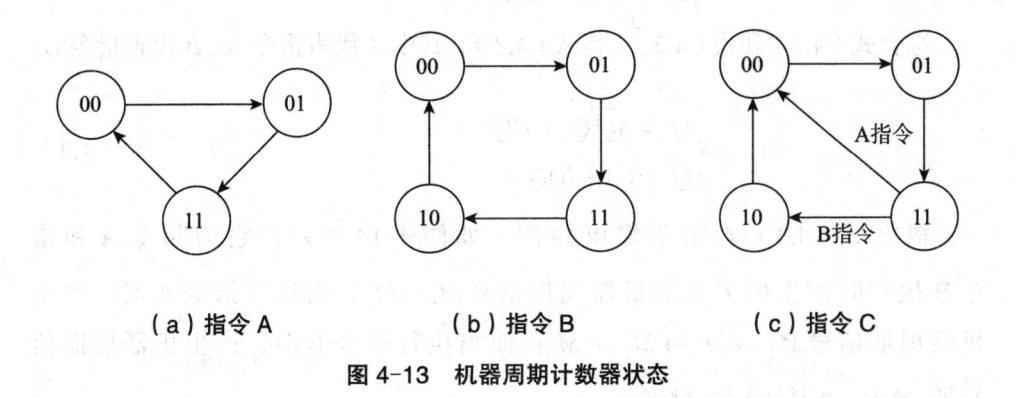

（a）指令 A （b）指令 B （c）指令 C

图 4-13 机器周期计数器状态

表 4-1 列出了产生两条指令所需的机器周期信号的计数器状态。其中，Q_1、Q_2 表示当前周期计数器状态输出，Q'_1、Q'_2 表示下一个周期计数器状态输出。

表 4-1 指令 A 和 B 各机器周期计数器状态变化

指令 A				指令 B			
Q_1	Q_2	Q'_1	Q'_2	Q_1	Q_2	Q'_1	Q'_2
0	0	0	1	0	0	0	1
0	1	1	1	0	1	1	1
1	1	0	0	1	1	1	0
				1	0	0	0

根据表 4-1 的真值表列出计数器的输出表达式。对于指令 A，其表达式为

$$\begin{cases} Q'_1 = \overline{Q_1}Q_2 \\ Q'_2 = \overline{Q_1}\overline{Q_2} + \overline{Q_1}Q_2 = \overline{Q_1} \end{cases} \quad (4.1)$$

对于指令 B，表达式为

$$\begin{cases} Q'_1 = \overline{Q_1}Q_2 + Q_1Q_2 = Q_2 \\ Q'_2 = \overline{Q_1}\overline{Q_2} + \overline{Q_1}Q_2 = \overline{Q_1} \end{cases} \quad (4.2)$$

综合式（4.1）和式（4.2），得式（4.3），其中 A 代表指令 A，B 代表指令 B。

$$\begin{cases} Q'_1 = A\overline{Q_1}Q_2 + BQ_2 \\ Q'_2 = (A+B)\overline{Q_1} \end{cases} \quad (4.3)$$

根据式（4.3）画出逻辑电路图，如图 4-14 所示，它为指令 A 和指令 B 执行时产生所需要的机器周期信号 $M_0 \sim M_3$。当执行指令 A 时，产生机器周期信号 $M_0 \to M_1 \to M_2 \to M_0$；而当执行指令 B 时，产生机器周期信号 $M_0 \to M_1 \to M_2 \to M_3 \to M_0$。

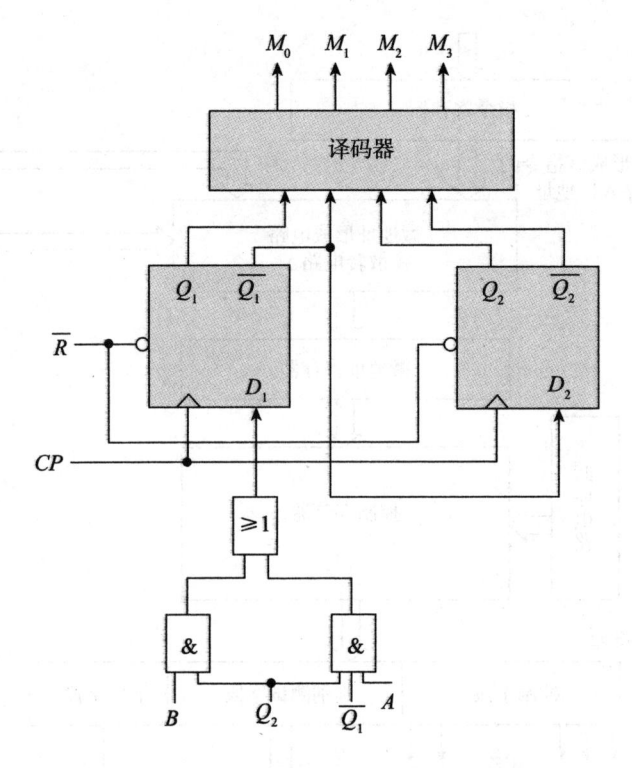

图 4-14　两条指令的机器周期产生电路

4.4.3　微程序控制器

下面阐述微程序控制的基本概念和工作原理。

微程序控制器也是一个有限状态机。图 4-15 所示为微程序控制器的一般性组成结构。微地址寄存器的输出作为控制存储器的地址。该控制存储器的一个存储单元中刚好存储一条微指令，所以访问控制存储器一次，其输出就是一条微指令。控制存储器一般是只读的。微指令在控制存储器中的地址叫作微地址。每条微指令包含一组微命令，一个微命令就完成一个微操作。微命令是组成微指令的最小单位，也就是微操作的控制信号，一般都是数据通路上控制门的电位、触发器或寄存器的打入、置位、复位脉冲等，而微操作就是指令执行时必须完成的基本操作。

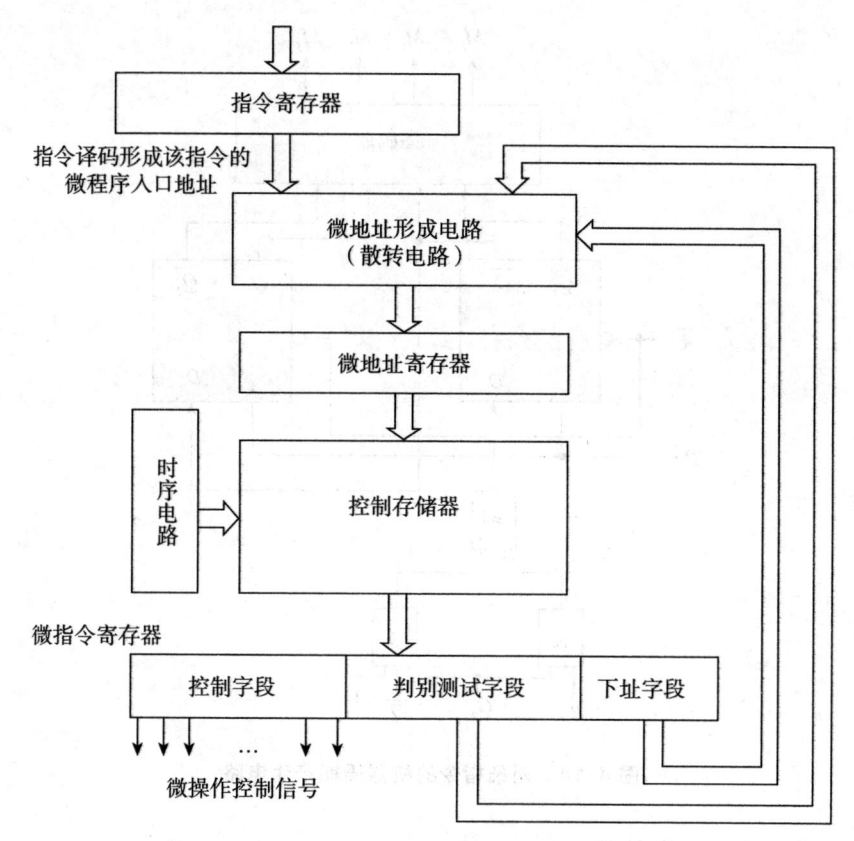

图 4-15 微程序控制器的组成框图

执行一条微指令所需要的时间叫作微周期，一般可以作为一个机器周期。微指令的有序集合就叫作微程序，微程序是实现一段机器指令功能的程序。微程序设计思想就是每条机器指令的功能都用一段相应的微程序来实现。在微程序的设计中充分运用了软件的程序设计技术，使微程序流程中也有微程序分支、微程序循环、微子程序等。

微指令由控制字段、判别测试字段和下址字段组成。控制字段包含一组微命令信号，这些信号便是 CPU 以及整机的微操作控制信号。微指令的下址字段、指令操作码和状态标志等构成了组合逻辑即微地址形成电路的输入，输出就是下一条微指令的地址，这相当于从有限状态图中的一种状态转换为另一种状态。下一微地址的生成方法有多种，常用的有以下 4 种。

（1）下一微地址就是控制存储器中的下一个地址，在这种情况下，控制器通常的实现方法是把当前微地址加 1 来作为下一微地址。

（2）下一微地址是由当前微指令提供的一个绝对控制存储器地址，这个绝对微地址可能是后继微地址的全部，也可能是后继微地址的一部分，在微程序发生转移的情况下，这种方法是很有效的。

（3）根据机器指令操作码产生该指令对应的微程序入口地址（指令译码），通常这个工作由映像逻辑来完成。指令操作码输入映像逻辑后，硬件将操作码映射成该指令对应执行指令周期中的第一条微指令的地址，即微程序入口地址，将微程序入口地址装入微地址寄存器就可以转入到正确的微程序。显然，对于整条指令来说，这种映像逻辑只用一次。

（4）当调用微子程序时，其返回地址存储在微子程序寄存器或硬件堆栈中，微子程序寄存器或硬件堆栈都可以形成下址。

既然下址的生成方法有多种，那么怎样才能明确下一条微指令的地址到底是由哪一种方法形成的呢？或者说怎样指明一条微指令地址的来源呢？判别测试字段的作用就是指明下址的来源。

综上所述，可以把微程序控制器的基本工作原理描述如下：开机后，首先使微地址寄存器置为取指令的第一条微指令地址，从控制存储器中取出第一条微指令，完成程序计数器→地址寄存器、程序计数器+1操作，然后根据微指令的下址字段分别取出第二条微指令，完成 RAM → IR，即从主存储器中读出指令送指令寄存器，并且发译码信号使指令译码器工作，即形成该指令的执行指令阶段的微程序入口地址，从控制存储器中取出该指令执行时的第一条微指令送到微指令寄存器，发出控制信号（微命令）实现微操作；然后该指令执行时的其余微指令地址是当前微地址加1或由当前微指令的下址字段确定，依次从控制存储器中取出其余微指令，实现该指令所需的所有微操作，即完成了该指令的执行。每一条指令的最后一条微指令执行完后，均会回到取指令的第一条微指令执行，以取下一条指令，如此重复，直至用户要运行的程序指令执行完为止。

第 5 章　总线

5.1　总线的基本概念

计算机总线是一种用于连接计算机内部各个部件的通信线路，包括 CPU、输入输出设备、存储器、总线控制器等。总线通过传输地址、数据和控制信号等信息，在各个部件之间进行数据传输和信息交换。当输入设备需要向计算机发送数据时，也需要通过总线将数据传输给计算机。

总线的另一个重要作用是实现计算机内部各个部件之间的共享。例如，多个设备可以通过总线共享同一块存储器，这样可以减少存储器的使用量，提高系统的效率。

总线的性能对于计算机的整体性能和可靠性具有重要影响。总线的传输速率、宽度、带宽、可靠性、成本等因素需要综合考虑，以满足计算机的性能需求。在计算机设计中，总线也需要与 CPU、存储器、输入输出设备等其他部件协同工作，以保证总线设计的正确性和稳定性。

总的来说，计算机总线是一种重要的通信线路，实现了计算机内部各个部件之间的数据传输和信息交换，也促进了计算机内部各个部件之间的共享和协同工作，对于计算机的整体性能和可靠性具有重要影响。

5.2　总线的分类

现代计算机系统总线有多种多样的形式与标准，可以按照不同的方式进行分类。

5.2.1 按连接部件分类

1. CPU 内部总线

CPU 内部总线是 CPU 内部各个部件之间的通信线路。CPU 内部总线包括数据总线、地址总线和控制总线等。CPU 内部总线的主要作用是实现 CPU 内部各个部件之间的数据传输和信息交换。例如，CPU 需要从寄存器中读取数据时，就需要通过内部总线将读取数据的地址和数据传输给寄存器。

2. 系统总线

系统总线是计算机内部各个部件之间的通信线路，包括存储器、CPU、输入输出设备等。系统总线的主要作用是实现计算机内部各个部件之间的数据传输和信息交换。例如，当 CPU 需要从存储器中读取数据时，就需要通过系统总线将要访问的存储单元地址和数据传输给存储器。

3. 通信总线

通信总线是计算机与外围设备之间的通信线路，包括串行总线、并行总线、网络总线等。通信总线的主要作用是实现计算机与外围设备之间的数据传输和信息交换。例如，当计算机需要从打印机中打印一份文件时，就需要通过通信总线将文件数据传输给打印机。

5.2.2 按数据传送方式分类

根据数据传送方式的不同，计算机总线可以分为并行总线和串行总线两种类型。并行总线是指在一条总线上同时传送多个比特的数据传送方式，而串行总线是指在一条总线上逐个传输比特的数据传送方式。

1. 并行总线

并行总线通常采用多根数据线的方式，每根数据线传输一个比特。由于多根数据线可以同时传输多个比特，因此并行总线在传输数据时具有很高的速度，但由于线路较多，因此布线和维护的成本也较高。

2. 串行总线

串行总线只有一根数据线，逐个传输比特，需要通过时钟等方式来同步数据传输。由于只有一根数据线，串行总线的布线和维护成本较低，但在传输数据时速度相对较慢。

5.2.3 按总线的通信定时方式分类

根据通信定时方式的不同，计算机总线可以分为同步总线和异步总线两种类型。

1. 同步总线

同步总线是指通过时钟信号等方式来同步数据传输的总线。在同步总线中，数据传输时需要使用时钟信号来进行同步，以确保数据传输的正确性和可靠性。同步总线通常具有固定的传输速率和时序，由于数据传输时需要使用时钟信号，因此同步总线的传输速率相对较快，但因为需要使用时钟信号进行同步，所以同步总线的延迟较大，同时系统的稳定性和可靠性也更加依赖时钟信号的稳定性。

2. 异步总线

异步总线是指不使用时钟信号进行同步的总线。在异步总线中，数据传输时通过起始位、终止位和校验位等方式来确定数据的开始和结束，并进行校验。由于不需要使用时钟信号进行同步，因此异步总线的传输速率相对较慢，但因为不依赖时钟信号，所以异步总线具有更好的抗干扰性和稳定性。

同步总线和异步总线在数据传输方式和定时方式上有所不同，因此在实际应用中需要根据实际需求来选择合适的总线类型。在计算机系统设计中，同步总线通常用于高速数据传输场景，如 CPU 内部总线和系统总线等；而异步总线则通常用于低速数据传输场景，如串口通信和 USB 通信等。

5.3 总线的特性及性能指标

5.3.1 总线的特性

计算机总线作为一种通信线路，具有多种特性。下面从电器特性、机械特性、功能特性、时间特性四个方面来阐述计算机总线的特性。

1. 电气特性

电气特性主要包括总线在传输数据时的传输速率、传输距离、噪声干扰等方面。总线传输速率越高，传输距离越远，越需要考虑电缆的衰减、传输延迟和反射等问题。在数据传输过程中，噪声干扰可能会导致数据传输错误，因此需要采取相应的措施，如增加屏蔽、调整传输速率等，来提高总线的可靠性。

2. 机械特性

机械特性又称为物理特性，主要包括总线连接器的形状、数量、固定方式等方面。不同类型的总线连接器件具有不同的形状和数量，需要根据实际需求选择合适的连接器。总线连接器的固定方式也会影响到总线的稳定性和可靠性。

3. 功能特性

功能特性主要包括总线的带宽、传输协议、总线控制方式等方面。总线带宽越大，传输速率越高，但同时需要考虑总线的稳定性和可靠性。传输协议需要保证数据的正确性和可靠性。总线控制方式可以影响到总线传输的效率和可靠性，需要根据实际需求选择合适的控制方式。

4. 时间特性

时间特性主要包括总线在传输数据时的传输延迟、响应时间、同步方式等方面。需要尽量缩短传输延迟，以提高总线传输效率。响应时间也需要尽量缩短，以保证数据传输的实时性。同步方式需要根据实际需求选择，以满足数据传输的正确性和可靠性。

计算机总线具有多种特性，需要根据实际需求选择合适的总线类型和连接方式，以满足计算机系统的功能要求。在设计和应用中，需要综合考虑电气特性、机械特性、功能特性和时间特性等方面的因素，以保证总线的正确性、稳定性和可靠性。

5.3.2 总线的性能指标

总线的性能指标主要包括以下几个方面。

（1）总线宽度。总线带宽是指总线上能够传输的数据位数，通常以比特为单位。总线宽度越大，能够同时传输的数据位数就越多，总线的传输效率也会越高。

（2）总线周期。总线周期是指总线进行一次完整传输的时间。总线周期包括数据传输和控制信号传输等各个阶段，因此总线周期长短直接影响到总线的传输速率和响应时间。

（3）总线频率。总线频率是指总线进行数据传输的时钟频率，通常以赫兹为单位。总线频率越高，总线的传输速率也会越快，但同时需要考虑系统稳定性和总线的可靠性。

（4）总线带宽（标准传输速率）。总线带宽是指单位时间内总线能够传输的数据量，通常以比特/秒为单位。总线带宽是评价总线性能的一个重要指标，影响总线的传输速率和响应时间。

（5）信号线类型。信号线类型包括单向、双向、同步和异步等多种类型。不同类型的信号线会对总线的传输速率、可靠性和稳定性等产生不同的影响。

（6）仲裁方法。仲裁方法是指在多个设备同时请求使用总线时采用的协调控制方式。仲裁方法需要保证多个设备之间的冲突能够得到有效解决，以保证总线的稳定性和可靠性。

（7）定时方式。总线传输时的定时方式通常包括同步和异步两种。定时方式需要保证数据传输的正确性和可靠性，同时需要兼顾传输速率和响应时间等方面的需求。

总的来说，以上七个方面的性能指标都会对总线的传输效率、可靠性和稳定性产生一定的影响，需要在设计和应用中根据实际需求进行综合考虑和选择。

5.4 总线结构的连接方式

计算机总线结构的连接方式包括单总线结构、双总线结构和多总线结构等。下面将对这三种连接方式进行详细的阐述。

5.4.1 单总线结构

单总线结构如图 5-1 所示。单总线结构是最简单的总线连接方式，也称为系统总线。在单总线结构中，CPU、主存储器、输入输出设备等所有部件都通过同一条总线进行通信。单总线结构的优点是连接简单、布线简单、成本低，适用于小型计算机或单一任务的应用。但是，单总线结构的传输速率和带宽也比较有限，可能会导致数据传输的延迟和冲突。

第 5 章 总线

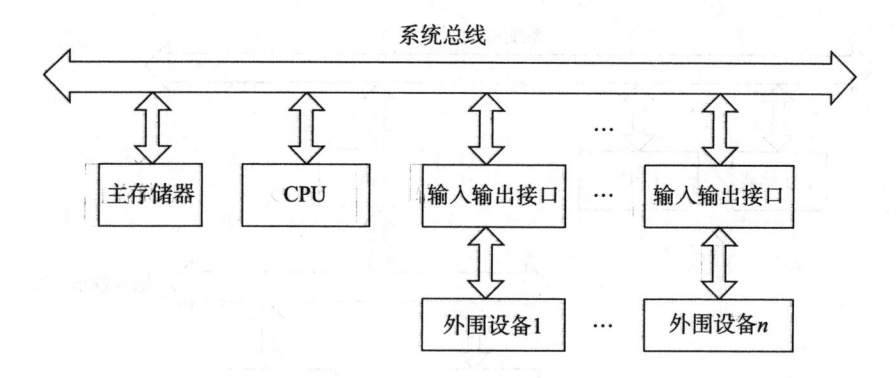

[图：单总线结构示意图，系统总线连接主存储器、CPU、输入输出接口，输入输出接口连接外围设备1 ... 外围设备n]

图 5-1 单总线结构

5.4.2 双总线结构

双总线结构如图 5-2 所示。双总线结构是在单总线结构的基础上发展起来的，也称为双总线系统。在双总线结构中，系统总线被分为两条，分别为数据总线和地址总线。数据总线用于数据传输，地址总线用于寻址。CPU 可以同时访问这两条总线，以提高总线的传输效率和响应时间。

双总线结构的优点是可以支持更高的传输速率和带宽，可以同时进行数据传输和地址寻址，避免了数据传输和地址寻址之间的冲突。双总线结构的布线相对较简单，适用于中小型计算机或多任务应用。图 5-3 为具有输入输出总线的双总线结构。

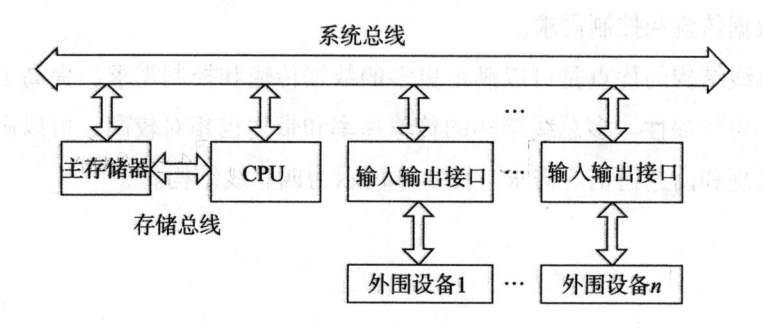

[图：双总线结构示意图，主存储器通过存储总线与CPU连接，系统总线连接CPU、输入输出接口，输入输出接口连接外围设备1 ... 外围设备n]

图 5-2 双总线结构

·123·

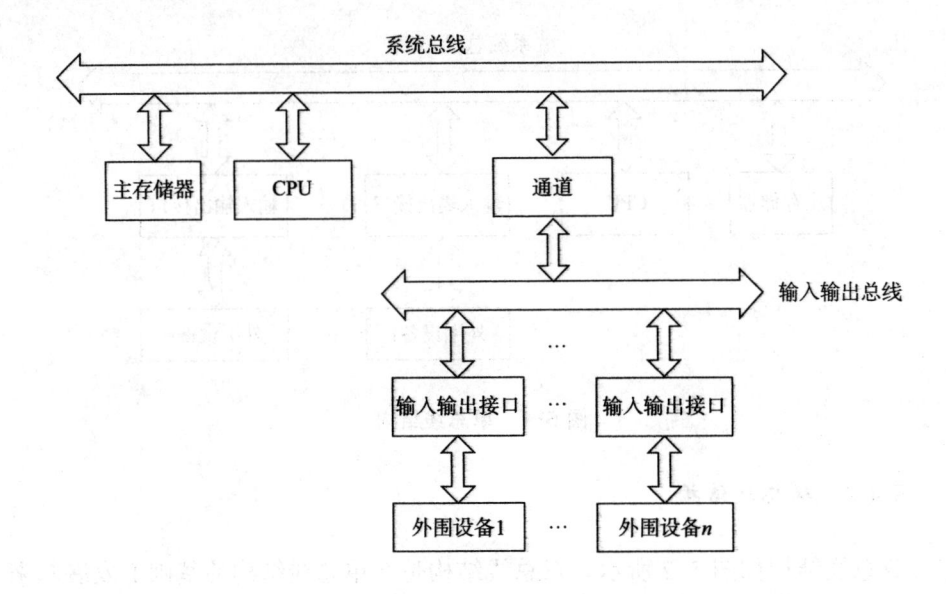

图 5-3 具有输入输出总线的双总线结构

5.4.3 多总线结构

三总线以上的结构为多总线结构，图 5-4 所示是将上述两种结构加以结合而形成的三总线结构。多总线结构是在双总线结构的基础上发展起来的，也称为多总线系统。在多总线结构中，系统总线被分为多条，分别为数据总线、地址总线、控制总线、扩展总线等。CPU 可以根据需要访问不同的总线，以满足不同的数据传输和控制需求。

多总线结构的优点是可以满足更多的数据传输和控制需求，提高了系统的灵活性和可扩展性。多总线结构的传输速率和带宽也相对较高，可以满足大规模数据处理和高速通信等需求。图 5-5 所示为四总线结构。

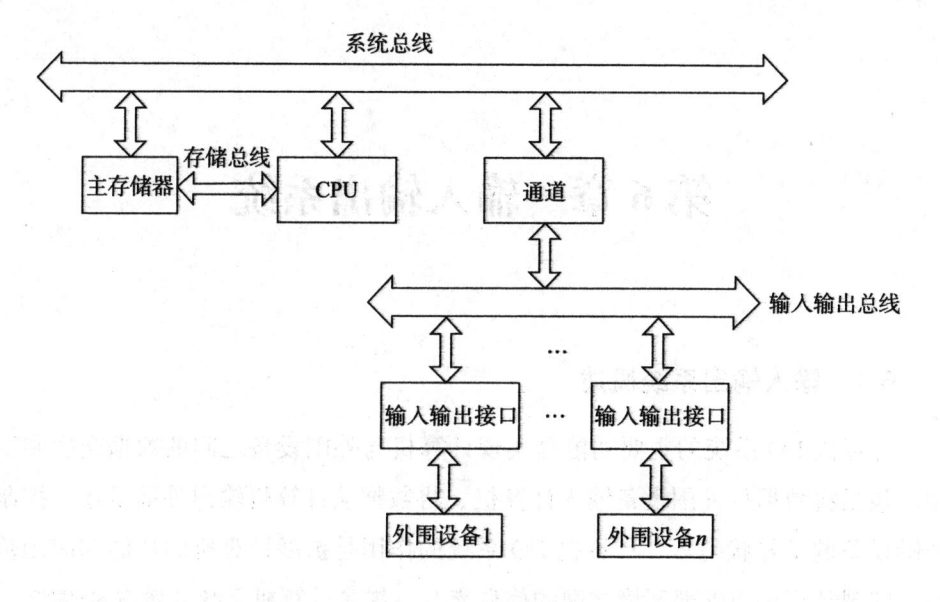

图 5-4 三总线结构

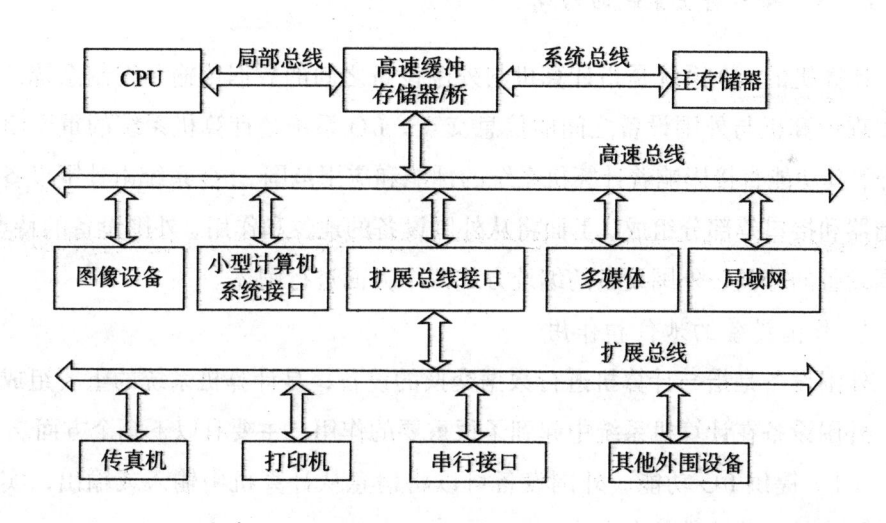

图 5-5 四总线结构

第 6 章 输入输出系统

6.1 输入输出系统概述

计算机 I/O 系统的主要功能是实现计算机与外围设备之间的数据交换和控制，包括将数据从外围设备输入计算机、将数据从计算机输出外围设备、控制外围设备的工作状态等。计算机 I/O 系统的作用是扩展计算机的功能和应用范围，实现计算机与外部环境之间的信息交互，提高计算机系统的效率和性能。

6.1.1 输入输出系统的构成

计算机的 I/O 系统是指计算机与外围设备之间的数据传输和控制系统，用于实现计算机与外围设备之间的信息交互。I/O 系统是计算机系统的重要组成部分，其功能直接影响着计算机系统的性能和应用范围。I/O 系统由外围设备、控制器和接口等部分组成。下面将从外围设备的地位和作用、外围设备的特点、外围设备的分类、外围设备的编址方式四个方面进行阐述。

1. 外围设备的地位和作用

外围设备是指与计算机进行数据交换的设备，是计算机系统的重要组成部分。外围设备在计算机系统中起到了很重要的作用，主要有以下几个方面。

（1）提供 I/O 功能。外围设备可以将信息从计算机中输入或输出，实现计算机与外部环境的信息交换。

（2）扩展计算机功能。外围设备可以扩展计算机的功能和应用范围，使计算机可以处理更多的数据和任务。

（3）分担计算机负载。外围设备可以分担计算机的负载，使计算机可以更加高效地处理任务。

（4）优化计算机性能。外围设备可以通过优化数据传输和控制方式，提高计算机的性能和响应速度。

2. 外围设备的特点

外围设备具有以下几个特点。

（1）多样性。外围设备种类繁多，包括键盘、鼠标、打印机、扫描仪、摄像头等，每个外围设备都有其特定的应用场景和功能。

（2）可移动性。许多外围设备具有可移动性，例如移动硬盘、U盘、笔记本电脑等，可以方便地携带和使用。

（3）低速传输。与计算机主存储器相比，外围设备的传输速率较低，需要通过控制器和接口等中间设备进行数据转换和传输。

（4）不同的数据格式。不同类型的外围设备可能采用不同的数据格式，需要通过控制器和接口进行格式转换。

（5）不同的数据传输方式。不同类型的外围设备采用不同的数据传输方式，例如串行传输、并行传输、直接存储器访问（Direct Memory Access，简称DMA）传输等。

3. 外围设备的分类

外围设备可以按照不同的分类方式进行分类，常见的分类方式有以下几种：

（1）按照数据传输方式可以将外围设备分为串行外围设备和并行外围设备。串行外围设备一次只能传输一个位，例如鼠标、键盘、调制解调器等；而并行外围设备可以一次传输多个位，例如打印机、显示器、扫描仪等。

（2）按照使用方式可以将外围设备分为输入设备、输出设备和输入输出设备。输入设备向计算机输入数据，例如键盘、鼠标、扫描仪等；输出设备从计算机输出数据，例如打印机、显示器、音箱等；而输入输出设备则可以同时进行输入和输出操作，例如硬盘、U盘、网络接口卡等。

（3）按照工作原理可以将外围设备分为电磁式外围设备、光学式外围设备和固态外围设备。电磁式外围设备通过电磁感应原理实现数据的输入和输出，例如键盘、鼠标、打印机等；光学式外围设备通过光学原理实现数据的输入和输出，例如光学鼠标、光学扫描仪等；而固态外围设备则采用半导体技术实现数据的输入和输出，例如固态硬盘、U盘等。

（4）按照数据格式可以将外围设备分为数字型外围设备和模拟型外围设备。数字型外围设备使用数字信号进行数据的输入和输出，例如键盘、鼠标、硬盘等；而模拟型外围设备则使用模拟信号进行数据的输入和输出，例如摄像头、麦克风、音箱等。

4. 外围设备的编址方式

为了实现计算机与外围设备之间的数据交换和控制，需要对外围设备进行编址。外围设备的编址方式主要有以下两种。

（1）独立编址方式。在独立编址方式中，每个外围设备都被赋予一个唯一的地址，计算机通过这个地址来识别和访问外围设备。独立编址方式可以为每个外围设备提供单独的控制和传输，但需要耗费大量的地址空间，同时对控制器和接口的要求也较高。

（2）统一编址方式。在统一编址方式中，所有的外围设备共享同一个地址空间，计算机通过地址和设备类型来识别和访问外围设备。统一编址方式可以节约地址空间，但需要对控制器和接口进行更加复杂的设计和实现。

总之，计算机的 I/O 系统是计算机系统的重要组成部分，它与计算机之间的数据交换和控制密切相关。了解外围设备的地位和作用、特点、分类以及编址方式等相关知识，有助于深入了解计算机 I/O 系统的工作原理和应用。

6.1.2 外围设备与 CPU 的连接

计算机中外围设备和 CPU 之间的连接通常是通过总线实现的。总线是一组用于连接计算机内部各个部件的电子线路，它能够传输数据、地址和控制信号。

外围设备与 CPU 之间的连接通常需要通过输入输出控制器来实现。输入输出控制器是一种专门用于管理计算机与外围设备之间数据交换和控制的电子设备，它能够接收计算机发送的命令和数据，将其转换为外围设备可识别的形式并将其发送给外围设备，还能够接收外围设备发送的数据和状态信息，并将其转换为计算机可识别的形式并传递给 CPU。

在连接过程中，外围设备需要通过输入输出接口卡或者其他形式的接口与输入输出控制器相连。输入输出接口卡是一种专门用于实现计算机与外围设备之间连接的电路板，它能够将外围设备的信号转换为计算机可识别的形式，并将其发送给输入输出控制器。接口卡还能够将计算机发送给外围设备的信号转换为外围设备可识别的形式，并将其发送给外围设备。

总体来说，外围设备与 CPU 之间的连接通常需要通过输入输出控制器和输入输出接口卡来实现，它们通过总线进行数据传输和控制，从而实现计算机与外围设备之间的信息交互和数据交换。外围设备与 CPU 的连接示意图如图 6-1 所示。

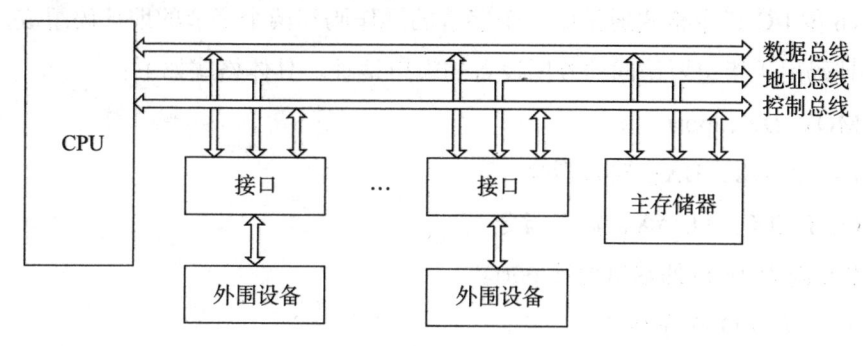

图 6-1 外围设备与 CPU 的连接

6.1.3 I/O 指令格式

I/O 指令是用于实现计算机与外围设备之间数据传输和控制的指令，它通常包括操作码、命令码和地址码等几个部分，如图 6-2 所示。其中，地址码用于指定要访问的外围设备的地址或端口，而操作码和命令码则用于指定具体的读写操作。

图 6-2 I/O 指令的一般格式

可见，专用的 I/O 指令包含操作码、命令码和地址码 3 个部分，操作码用于区分其他指令和 I/O 指令；命令码用于区分 I/O 操作的种类，例如输入数据还是输出数据；地址码则指明要访问的外围设备端口地址以及 CPU 寄存器号。80×86 系列 CPU 的 I/O 指令只有两条：IN 和 OUT。IN 指令将外围设备端口中的数据读入累加寄存器 AL（AX），OUT 指令将累加寄存器 AL（AX）中的数据写入外围设备端口。它们的汇编助记符号及格式如下。

1. 8 位 I/O 指令格式

8 位 I/O 指令格式通常由一个字节的操作码和一个字节的地址码组成，其中地址码用于指定要访问的外围设备的端口地址。具体格式如下：

IN AL/AX port；输入指令

OUT port，AL/AX；输出指令

port 为 8 位的端口地址（0～255）。

2. 16 位 I/O 指令格式

16 位 I/O 指令格式通常由一个字节的操作码和两个字节的地址码组成，其中地址码用于指定要访问的外围设备的端口地址。具体格式如下：

MOV DX，port

IN AL/AX，DX；输入指令

OUT DX，AL/AX；输出指令

DX 内为 16 位的端口地址 port。

3. 扩展 I/O 指令格式

扩展 I/O 指令格式是一种通用的 I/O 指令格式，它可以根据具体的需要扩展地址码的位数和操作码的位数。扩展 I/O 指令格式通常由一个或多个字节的操作码、命令码和地址码组成，其中地址码用于指定要访问的外围设备的端口地址，操作码和命令码则用于指定具体的读写操作和控制指令。

6.2 输入输出接口

6.2.1 输入输出接口的功能

输入输出接口是计算机与外围设备之间进行数据交换和控制的重要接口，其主要功能包括以下几个方面：

1. 实现数据缓冲

输入输出接口的一个重要功能是实现数据缓冲，即在计算机与外围设备之间建立一个缓冲区，用于存储输入或输出的数据。缓冲区可以降低数据传输的时延和数据传输速度的不匹配问题，提高数据传输的效率和稳定性。

2. 执行 CPU 命令

输入输出接口可以执行 CPU 的命令，如读、写、清零等操作，控制外围设备的输入输出。通过与 CPU 进行命令的交互，输入输出接口可以有效地管理计算机系统与外围设备之间的数据传输和控制。

3. 返回外围设备状态

输入输出接口可以返回外围设备的状态信息，包括外围设备的工作状态、输入输出数据的传输情况、错误信息等。通过返回外围设备的状态信息，输入输出接口可以帮助 CPU 进行错误诊断和处理，提高计算机系统的可靠性和稳定性。

4. 设备选择

输入输出接口可以选择要访问的外围设备，通过与外围设备进行通信，确定要访问的外围设备的地址和端口。通过选择不同的外围设备，输入输出接口可以实现不同的功能和应用。

5. 实现数据格式的转换

输入输出接口可以实现数据格式的转换，将计算机中的数据格式转换为外围设备所需的数据格式。通过数据格式的转换，输入输出接口可以确保计算机与外围设备之间的数据传输和控制的正确性和兼容性。

6. 实现信号的转换

输入输出接口可以实现信号的转换，将计算机系统的控制信号转换为外围设备所需的控制信号，从而实现计算机与外围设备之间的数据交换和控制。通过信号的转换，输入输出接口可以确保计算机与外围设备之间的控制信号的正确传输和响应。

7. 中断管理功能

输入输出接口可以实现中断管理功能，即在外围设备发生中断时，及时将中断信息发送给 CPU。通过中断管理功能，输入输出接口可以实现计算机系统与外围设备之间的快速响应和及时处理，提高计算机系统的效率和性能。

总之，输入输出接口在计算机系统中具有重要的作用和功能，通过实现数据缓冲、执行 CPU 命令、返回外围设备状态、设备选择、实现数据格式的转换、实现信号的转换、中断管理功能等多个方面，有效地实现计算机与外围设备之间的数据交换和控制。

6.2.2 I/O 接口的组成

输入输出接口主要由以下三部分组成：

1. 基本电路

输入输出接口的基本电路包括数据输入输出端口、控制电路和数据缓冲电路等。其中，数据输入输出端口用于与外围设备进行数据交换，控制电路用于控制外围设备的输入输出，数据缓冲电路用于暂存输入输出数据，以降低数据传输的时延，解决数据传输速度的不匹配问题，提高数据传输的效率和稳定性。

2. 端口地址译码电路

输入输出接口的端口地址译码电路用于将计算机中的端口地址转换为外围设备的实际地址，从而实现计算机与外围设备之间的数据传输和控制。端口地址译码电路通常由译码器、选择器和多路器等部分组成。译码器用于将端口地址译码成多个选择信号，选择器用于选择不同的外围设备，多路器用于将多个输入信号合并为一个输出信号，实现数据传输和控制。

3. 供电选择电路

输入输出接口的供电选择电路用于选择外围设备的供电方式，以保证外围设备的正常工作。供电选择电路通常包括直接供电、分离式供电、隔离式供电等多种方式。直接供电方式是将外围设备与计算机系统连接在一起，共用一个电源。分离式供电方式是将外围设备与计算机系统分离开来，各自使用独立的电源。隔离式供电方式是在外围设备与计算机系统之间加入隔离器，从而实现电气隔离，保护计算机系统的稳定性和安全性。

6.3 主机与外围设备交换信息的方式

在计算机系统中，主机与外围设备之间的信息交换是实现计算机输入输出功能的重要手段。为了满足不同的应用需求，主机与外围设备交换信息的方式也有多种不同的方式。下面将从程序查询方式、程序中断方式、直接存储器访问方式、通道与输入输出处理机方式四个方面来阐述主机与外围设备交换信息的方式。

6.3.1 程序查询方式

程序查询方式是指主机通过执行一段程序来查询外围设备状态和传输数据。这种方式的特点是简单、易于实现，能够适用于各种类型的外围设备，但是由于需要消耗大量的 CPU 时间和系统资源来进行轮询，因此效率较低，不能满足高速数据传输的要求。

程序查询方式主要包括两种方式：基于输入输出端口的程序查询方式和基于存储器映射的程序查询方式。基于输入输出端口的程序查询方式通过向特定端口写入命令码和地址码，然后通过轮询的方式来查询外围设备状态和传输数据。基于存储器映射的程序查询方式通过将外围设备的控制和数据交换映射到主机主存储器的某个地址空间中，使外围设备的控制和数据交换看起来像是在访问主存储器。程序查询方式的控制流程如图 6-3 所示。

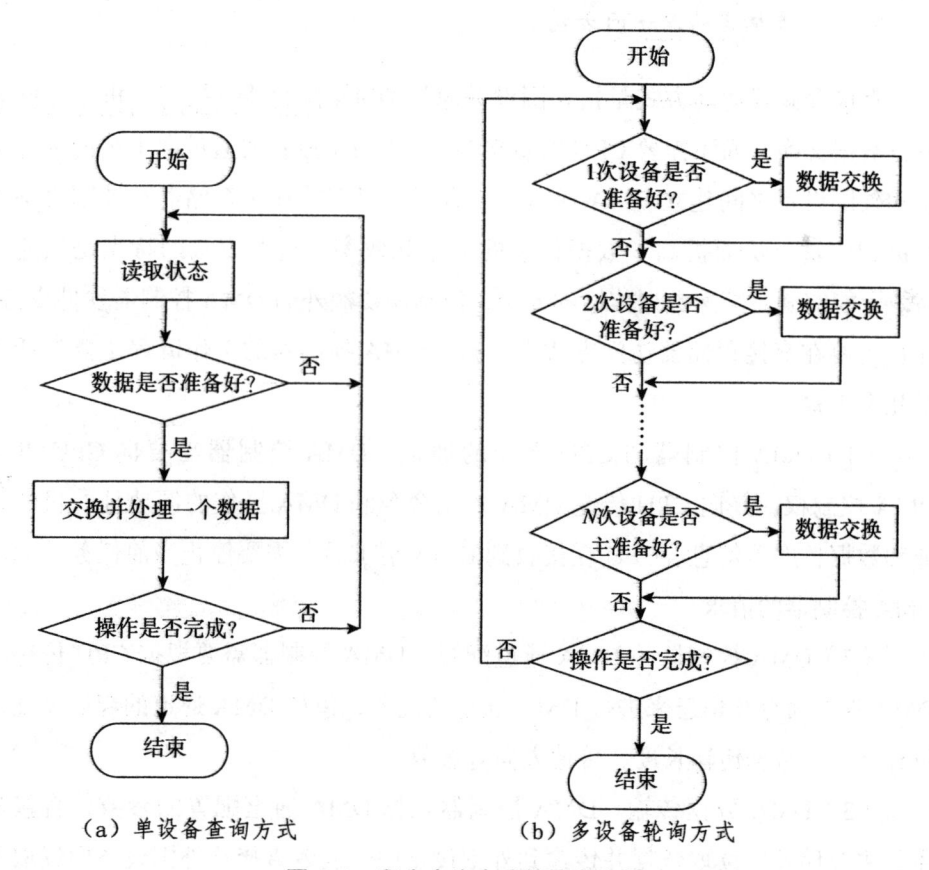

（a）单设备查询方式　　（b）多设备轮询方式

图 6-3　程序查询方式的控制流程

6.3.2 程序中断方式

程序中断方式是指主机通过预先设定的中断程序来响应外围设备的请求，进行数据传输和处理。当外围设备需要主机进行处理时，会向主机发送一个中断请求，然后主机会暂停当前任务，转而执行中断程序来处理请求，处理完毕后再返回原来的任务继续执行。这种方式的特点是能够减少 CPU 时间的占用，提高系统效率，但是需要在系统设计和开发中精细地控制中断的触发和处理方式，以保证系统的稳定性和可靠性。

程序中断方式主要包括两种方式：外部中断和内部中断。外部中断是指外围设备产生的中断请求，内部中断是指主机内部产生的中断请求，如缺页中断等。

6.3.3 直接存储器访问方式

直接存储器访问方式是指外围设备通过 DMA 控制器直接与主机主存储器进行数据交换，而不需要 CPU 的直接参与。DMA 控制器通过在主机内主存储器和外围设备之间建立 DMA 通道，使数据可以直接在主存储器和外围设备之间进行传输，从而提高了数据传输的速度和效率。这种方式的特点是快速、高效，能够满足高速数据传输的要求，但是需要额外的 DMA 控制器硬件支持，并且需要在直接存储器访问方式中进行，DMA 控制器的工作流程主要包括以下几个步骤。

（1）DMA 控制器与 CPU 之间的通信。DMA 控制器需要向 CPU 申请 DMA 控制权，并向 CPU 传递 DMA 控制命令和 DMA 操作的源地址、目的地址和数据长度等信息。CPU 在接收到 DMA 请求后，需要停止当前任务并响应 DMA 控制器的请求。

（2）DMA 控制器的 DMA 通道配置。DMA 控制器需要根据 CPU 传递的 DMA 控制命令和信息来进行 DMA 通道的配置，包括 DMA 通道的起始地址、目标地址、数据传输长度、传输方向等参数。

（3）DMA 数据传输。DMA 控制器根据 DMA 通道配置的参数，直接从主机主存储器中读取数据并传输到外围设备中，或者直接从外围设备中读取数据并传输到主机主存储器中。在数据传输过程中，DMA 控制器不需要 CPU 的直接参与，从而可以实现高速数据传输。

（4）DMA 传输完成中断。当 DMA 传输完成后，DMA 控制器需要向 CPU 发出中断请求，通知 CPU 数据传输完成。CPU 在接收到中断请求后，可以根据需要进行相应的处理。

6.3.4 通道与输入输出处理机方式

通道是一种专门用于处理输入输出设备的硬件设备。通道与输入输出处理机方式是指主机通过通道或输入输出处理机来实现与外围设备的数据交换和处理。通道通过专用的输入输出缓冲区和控制电路，能够快速地处理外围设备的输入输出请求，从而提高系统的效率和性能。

通道与输入输出处理机方式主要包括两种方式：程序控制的通道和直接存储器访问的通道。程序控制的通道是指主机通过执行程序来控制通道的工作，通道根据程序中预先设定的控制命令和地址信息来进行数据传输和处理。直接存储器访问的通道是指通道能够直接与主机主存储器进行数据交换，从而提高数据传输的效率和速度。

综上所述，主机与外围设备之间交换信息的方式有多种不同的方式，每种方式都有其适用的场景和特点。在实际应用中，需要根据具体的应用需求和系统设计要求来选择最适合的交换方式，以满足系统的功能要求。

6.4 中断系统

计算机中断系统是指在计算机运行过程中，当某个事件发生时，中断系统能够及时地通知 CPU，使 CPU 暂停当前任务，并转而去处理中断事件。它可以提高计算机的系统效率和响应速度，实现多任务的协调和管理。

6.4.1 中断

在 CPU 执行程序的过程中，由于某种事件发生，CPU 暂时中止正在执行的程序而转向对所发生的事件进行处理，当对事件的处理结束后又能回到发生中止时的地方，接着中止前的状态继续执行原来的程序，这一过程称为"中断"。

1. 中断源的分类

计算机中断系统中的中断源可以根据中断发生的位置和原因进行分类。按照位置的不同，中断源可以分为外中断和内中断。

外中断是指来自 CPU 外部的中断信号，例如输入输出设备的中断请求、时钟中断等。这种中断是由外围设备触发的，需要通过中断控制器进行管理和处理。当外中断信号到达时，中断控制器会发出中断请求，CPU 则会保存当前状态并跳转到相应的中断处理程序中执行。外中断处理完后，CPU 会返回到原来的任务中继续执行。

内中断是指来自 CPU 内部的中断信号，例如非法操作码、除数为 0 等错误。这种中断是由 CPU 内部的异常或故障触发的，需要通过操作系统进行管理和处理。当内中断信号到达时，操作系统会根据中断类型和优先级，选择相应的中断处理程序进行处理。内中断处理完后，CPU 会返回到原来的任务中继续执行。

外中断和内中断都是计算机中断系统中的重要组成部分，它们分别处理来自 CPU 外部和内部的中断信号，并且都需要通过中断控制器或操作系统进行管理和处理。外中断通常是由外围设备触发的，可以及时响应外围设备的请求，保证系统的稳定和可靠性。内中断则是由 CPU 内部的异常或故障触发的，可以及时检测和处理各种错误，保证计算机系统的安全和可靠性。

2. 中断过程

中断的整个过程包含 4 个阶段，如图 6-4 所示。

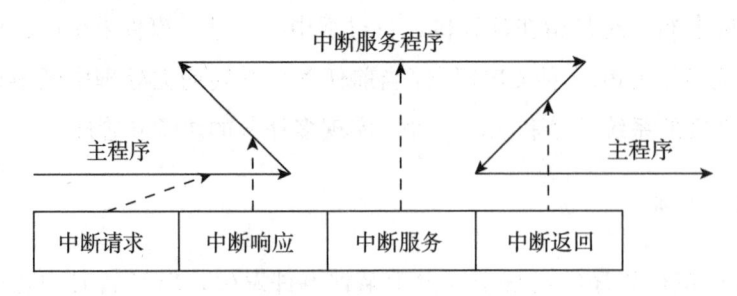

图 6-4　中断过程

（1）中断请求。中断请求是指外围设备向 CPU 发出请求，要求 CPU 停止当前任务，去处理新到来的请求。在中断请求阶段，首先需要进行中断屏蔽，即通过中断屏蔽寄存器或中断控制器，对不需要处理的中断信号进行屏蔽。这样可以避免在处理其他更高优先级的中断时，被低优先级的中断打断。

当需要响应某个中断信号时，中断请求信号会被传递到中断控制器，由中断控制器对中断请求进行优先级排序和判别。接着，中断请求信号会被传递到CPU中，CPU通过对中断请求信号进行监测，以检测是否有中断请求。

（2）中断响应。中断响应是指CPU对中断请求信号进行响应，并且在中断请求的优先级、中断源的识别、中断服务和中断返回等方面进行处理。在中断响应阶段，首先需要进行中断优先级的判别，确定当前需要处理的中断请求的优先级。然后，通过中断控制器或中断向量表，对中断源进行识别。

接着，根据中断源的类型和中断向量表的映射关系，选择相应的中断服务程序进行处理。中断服务程序可以处理中断源的请求，并将处理结果返回给CPU。最后，CPU通过中断返回指令，将控制权返回到被中断的任务中，继续执行。

3. 中断的作用

中断是计算机系统中实现多任务、提高系统响应速度和数据传输效率的重要机制。中断的作用主要包括以下几个方面。

（1）实现CPU和多台输入输出设备并行工作。中断允许CPU在执行一个任务的同时，接受并处理其他设备的请求，提高了计算机系统的并行处理能力。

（2）进行实时处理。中断可以实现实时处理，能够在设备请求处理时快速响应并及时处理，确保计算机系统的实时性能。

（3）实现人机通信。中断可以用于人机交互，如用户通过键盘或鼠标的输入触发中断，使计算机系统可以及时响应并处理。

（4）实现多道程序运行和分时操作。中断可以用于实现多道程序的运行和分时操作，可以使多个程序共享CPU资源，并保证系统资源的有效利用。

（5）实现应用程序和操作系统的联系。中断可以用于实现应用程序和操作系统之间的联系，如应用程序可以通过中断请求来调用操作系统提供的服务例程，实现系统调用。

（6）实现多机系统中各处理机间的联系。中断可以用于实现多机系统中各处理机之间的联系，通过中断请求可以使处理机之间能够及时地相互通信和交换数据。

（7）实现高可靠性系统。中断可以用于实现高可靠性系统，如在计算机系统出现故障时，中断可以快速响应并采取相应的措施，避免系统崩溃和数据丢失。

综上所述，中断在计算机系统中具有非常重要的作用，它可以实现CPU和多台输入输出设备的并行工作，进行实时处理，实现人机通信实现多道程序运行和分时操作、实现应用程序和操作系统的联系、实现多机系统中各处理机间的联系，以及实现高可靠性系统等功能。中断的应用使计算机系统的性能和可靠性都得到了极大的提高，对于计算机系统的设计和优化具有重要的意义。

6.4.2 中断请求与判优

1. 中断请求信号的产生与监测

计算机系统中，中断请求信号的产生和监测是中断系统中的重要环节，保证了中断的正常工作。

（1）中断请求信号的产生。在计算机系统中，外围设备通过向中断控制器发送中断请求来请求CPU进行中断处理。

①外围设备向中断控制器发送中断请求，中断控制器收到信号后会将其转换为中断请求信号INTR。

② CPU在执行每条指令前，会检测中断请求信号INTR是否为高电平。如果是高电平，表示有中断请求需要处理，则CPU暂停执行当前指令，进入中断处理程序。

③在处理中断请求之前，CPU会将当前程序的上下文（包括程序计数器、寄存器等）保存起来，以便在处理完中断后，能够恢复程序的执行状态。

④CPU执行中断处理程序，处理完后会将上下文恢复，继续执行原来的程序。

（2）中断请求信号的监测。CPU在执行指令过程中，需要不断地监测中断请求信号，以便在有中断请求需要处理时，能够及时地进入中断处理程序。

CPU 监测中断请求信号的过程如下：

①CPU 在执行指令的时候，会在每个指令执行结束后检测中断请求信号 INTR 是否为高电平。

②如果中断请求信号 INTR 为低电平，则表示没有中断请求需要处理，CPU 会继续执行下一条指令。

③如果中断请求信号 INTR 为高电平，则表示有中断请求需要处理，CPU 会在当前指令执行完成后立即进入中断处理程序。

需要注意的是，为了防止在中断处理程序执行过程中，又产生新的中断请求，中断请求信号需要被屏蔽一段时间。在 CPU 进入中断处理程序后，中断请求信号会被屏蔽，直到中断处理程序执行完成并恢复原来的程序状态后，中断请求信号才会重新被监测。

2. 中断屏蔽

计算机中的中断屏蔽是指在某些情况下，为了保证系统的正常运行，需要暂时关闭或屏蔽某些中断。

首先，中断请求寄存器是用来存储当前系统中各个设备的中断请求信息的。当某个设备有中断请求时，它会将中断请求信号发送给中断控制器，中断控制器再将该请求信息存入中断请求寄存器中。在这个过程中，中断请求信号可能会被其他设备的中断请求信号所覆盖，因此需要有一个优先级排队电路来管理中断请求的优先级。

其次，中断屏蔽寄存器用来屏蔽或打开某些中断请求信号，以确保系统正常运行。中断屏蔽寄存器中的每一位对应着一个中断请求信号，当某一位为 1 时表示该中断请求信号被屏蔽，CPU 不会响应该中断请求。当某一位为 0 时表示该中断请求信号未被屏蔽，CPU 会响应该中断请求。

最后，优先级排队电路用于管理中断请求的优先级。当多个设备同时有中断请求时，中断控制器会通过优先级排队电路来确定优先级最高的中断请求，并向 CPU 发出中断请求。优先级排队电路一般采用硬件电路实现，以确保响应中断请求的时间尽可能短。

总之，中断屏蔽过程包括中断请求寄存器、中断屏蔽寄存器和优先级排队电路三个部分。通过屏蔽或打开某些中断请求信号，并按照优先级排队来管理中断请求，可以保证系统正常运行，并能够及时响应重要的中断请求。中断请求信号的屏蔽如图 6-5 所示。

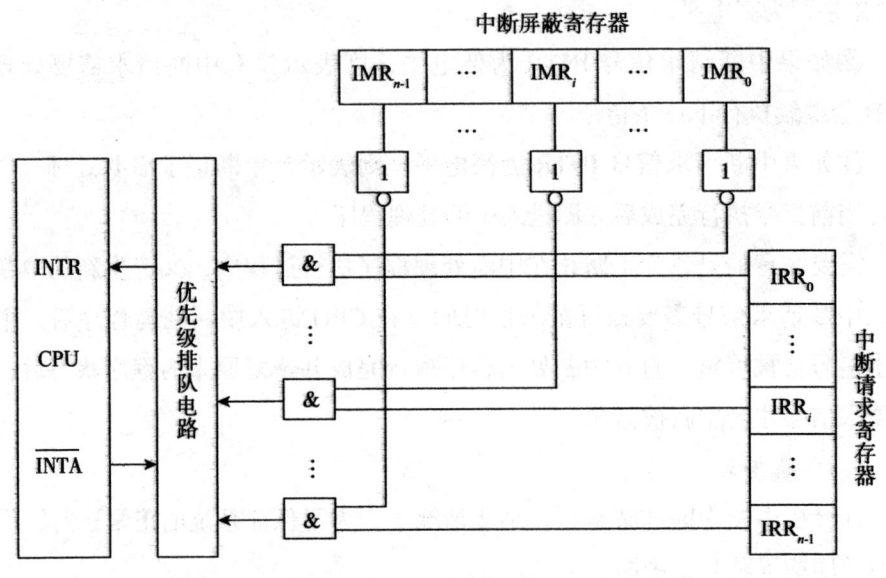

图 6-5　中断请求信号的屏蔽

3. 中断请求信号的传递

在计算机系统中，中断请求信号的传递是非常关键的一环，涉及到计算机系统的可靠性和稳定性。中断请求信号的传递有多种方式，包括公共中断请求线、独立中断请求线和二维结构中断请求等。中断请求信号的传递方式如图 6-6 所示。

（1）公共中断请求线是最常见的一种中断请求信号传递方式。在这种方式下，所有外围设备的中断请求线都被连接到一个公共的中断请求总线上。当某个外围设备需要中断时，它会将一个中断请求信号发送到公共中断请求总线上。CPU 会周期性地轮询中断请求总线，以检查是否有中断请求信号被触发。这种方式简单而可靠，但当多个外围设备同时请求中断时，总线上可能会产生冲突。公共中断请求线如图 6-6（a）所示。

（2）独立中断请求线也是一种常见的中断请求信号传递方式。在这种方式下，每个外围设备都有一个专门的中断请求线，这些线路与 CPU 相连。当某个外围设备需要中断时，它会将中断请求信号发送到 CPU 的中断请求输入端口上。这种方式可以避免总线上的冲突，但需要使用更多的线路。独立中断请求线如图 6-6（b）所示。

（3）二维结构中断请求是一种混合方式，在这种方式下，外围设备被分组成多个集群，每个集群使用一个公共的中断请求线。每个集群都有一个独立的中断控制器，它们使用一个二维的矩阵来确定中断请求的优先级和分配。这种方式既避免了总线上的冲突，又减少了线路的数量，但需要更复杂的中断控制电路。二维结构中断请求如图 6-6（c）所示。

总的来说，中断请求信号的传递方式不同，各有优点。在实际的计算机系统中，根据不同的需求和资源限制，可以采用不同的中断请求信号传递方式。

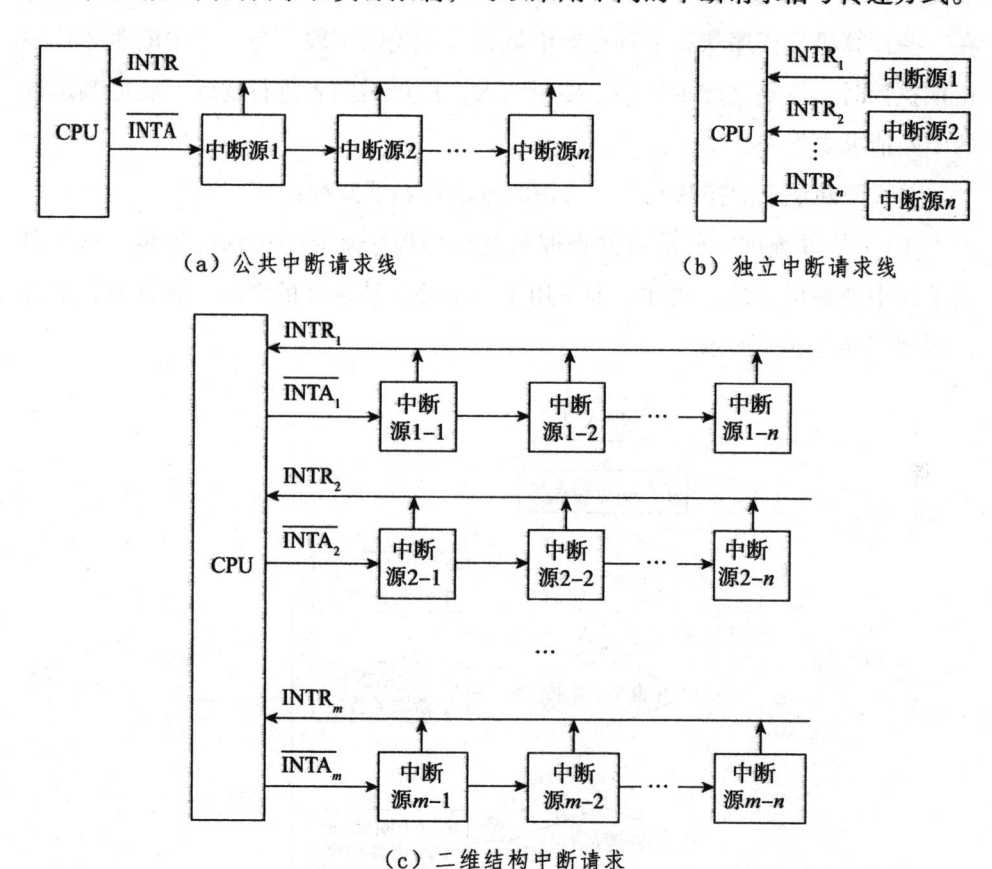

（a）公共中断请求线

（b）独立中断请求线

（c）二维结构中断请求

图 6-6 中断请求信号的传递方式

4. 中断请求的排队判优

当某个时刻有多个中断源同时提出中断请求时，CPU 首先响应哪一个请求呢？通常，需要将全部中断源按中断性质和处理的轻重缓急分配优先级并进行排队。优先级是指在有多个中断同时发生时，CPU 对中断源响应的次序。

确定中断优先级的原则：对那些一旦提出请求就需要立刻响应处理，否则会造成严重后果的中断源，规定为最高的优先级；而对那些可以延迟响应和处理的中断源，则规定为较低的优先级。一般把硬件故障引起的中断的优先级定为最高，其次是软件故障中断和中断驱动输入输出。

每个中断源均有一个为其服务的中断服务程序。每个中断服务程序都有与之对应的优先级。CPU 正在执行的程序也有优先级。只有当某个中断源的优先级高于 CPU 中正在执行的程序的优先级时，才能中止 CPU 正在执行的程序。在一些计算机的程序状态字寄存器中就设有优先级字段，当一个中断服务程序正在执行时，如果又产生另一个中断请求，通过对两者进行比较，就能判定谁的中断请求更优先。

关于中断请求的排队判优，常用的方法有如下两种：

（1）软件查询。所谓软件查询法就是用程序来判断中断优先级，这是最简单的中断判优方法。软件查询法用于一根公共请求线的情况。软件判优的查询流程图如图 6-7 所示。

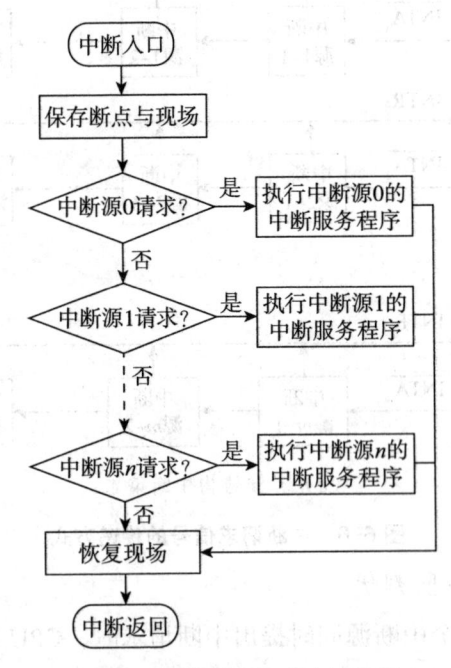

图 6-7 软件判优的查询流程图

当存在中断请求时,通过程序查询连接在该中断请求线上的每一个设备,根据其查询的先后次序确定其优先级,查询程序逐次检测中断请求寄存器各位的状态,最先检测的中断源具有最高优先级,其次检测的中断源具有次高优先级。

显然,软件查询是与中断源的识别结合在一起的。当检测到申请中断的设备时,也就找到了中断源,便可转到相应的中断服务程序。

必须指出的是,软件查询中断与程序传送方式的等待循环"查询"是不同的。对于后者,CPU 要花费很多时间不断地查询设备是否"准备好"信号进行数据交换,查询所需要的时间取决于设备的工作速度。而中断查询是一种中断处理方式,在设备未提出中断请求时 CPU 照常执行主程序;只有在接收到中断请求后,CPU 才去"查询"它们,以寻找申请中断的设备。

软件查询法的优点是可以灵活地修改中断源的优先级,并且除了中断请求寄存器外,无须额外的硬件电路,实现简单。

(2)硬件排队电路。这种方法采用硬件排队判优电路来判断中断源的优先级。按照中断请求信号的传送方式有不同的排队判优电路,常见的有以下两种方案。这些排队判优电路的共同特点是优先级高的中断请求将自动封锁优先级较低的中断请求的处理。硬件排队电路一旦设计并连接好之后,将无法改变其优先级。

①串行排队链与向量中断。串行排队链判优电路,适用于公共请求线传送方式,如图 6-8 所示。

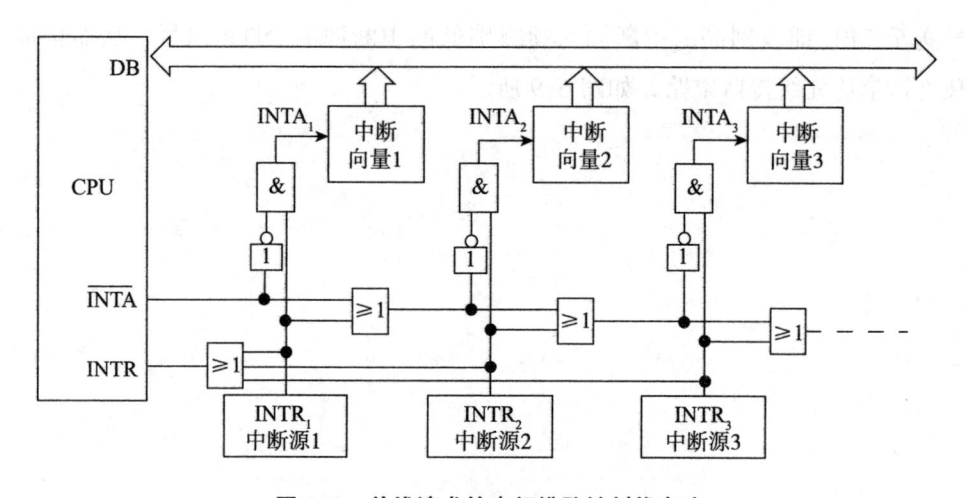

图 6-8 单线请求的串行排队链判优电路

串行排队链判优电路有时也称为菊花链硬件查询线路。图 6-8 所示的串行排队链判优电路的工作原理如下：当接在一条公共中断请求线上的一个或多个设备提出中断请求时，通过请求线 INTR 送到 CPU。一旦条件允许响应将发出中断响应，CPU 信号 INTA，串行地依次连接所有中断源。若某个设备没有中断请求，它就将中断响应信号 INTA 传送给下一个设备；若某设备有中断请求信号，它就封锁 INTA，不再往下传送，同时产生该设备的中断响应信号 INTA，用它选通该设备的中断向量编码器，将中断向量或者中断向量地址送上 CPU 数据总线，供 CPU 读取。CPU 依据中断向量地址从相应的中断向量单元中取出中断服务程序的入口地址，从而转入执行相应的中断服务程序。

串行排队的判优方法适用于向量中断方式，中断响应信号 INTA 逐级传送，先到达的设备，其优先级高于中断响应信号后到达的那些设备，即电路中距离 CPU 最近的中源的优先级最高。这里距离的远近是指电气上的信号传递顺序。这种方法实现时电路较简单，但是其优先级固定，取决于固定的硬件连接，不够灵活，不易于改变或调整优先级。

② 独立请求优先级排队电路。在上述的公共请求方式中，对 CPU 发送的中断响应信号 INTA 根据优先级进行串行排队，把 INTA 信号送至优先级最高的中断源，级别高的中断源就封锁了级别低的中断源的 INTA 信号。

采用同样的方法，在独立请求的多线方式下，对各个中断源的中断请求信号 $INTR_i$ 进行串行排队，只把目前申请中断的中断源中优先级最高的 $INTR_i$ 信号送至 CPU 即级别高的中断源封锁级别低的中断源的 INTR 信号，从而构成独立请求优先级排队电路，如图 6-9 所示。

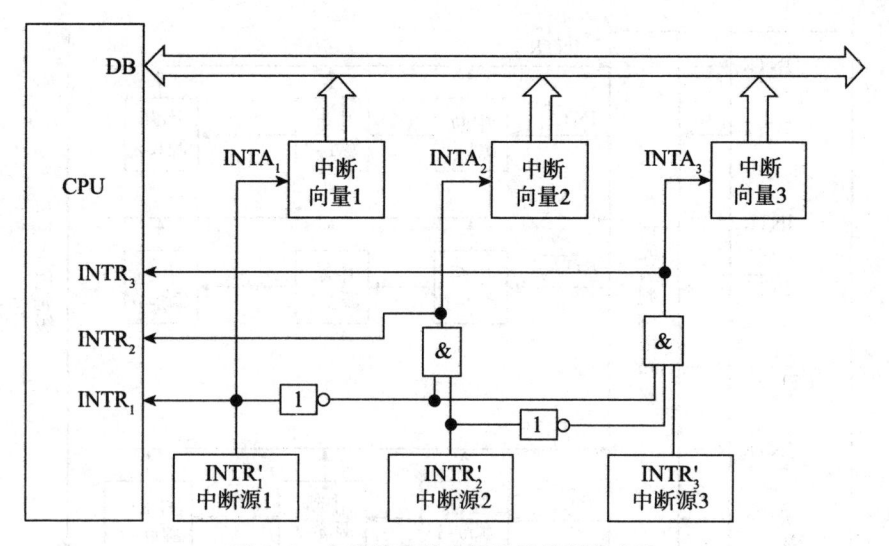

图 6-9 多线请求的串行排队链判优电路

图 6-9 中，中断源 1 的优先级最高，如果它有中断请求（$INTR_1'=1$），则将屏蔽其他所有的中断源的中断请求信号；当中断源 1 没有中断请求（$INTR_1'=0$）时，中断源 2 的中断请求信号$INTR_2'$才能送往 CPU。同理，当中断源 2 有中断请求（$INTR_2'=1$）时，则中断源 3 及其之后的中断请求信号都被屏蔽成"0"送给 CPU，即 CPU 只有引脚$INTR_2=1$。因此，在这种判优电路中，任何时刻 CPU 至多只有一个中断请求线有效，此时，该请求线上所接的中断源的优先级最高。与公共中断请求线的串行排队电路类似，链路上离 CPU 最近的中断源，其优先级最高。

③二维结构中断优先级排队判优电路。对于二维结构的情况，可以用多线请求与菊花链响应相结合的方式来实现。在这种结构中，把全部外中断源按优先级分成若干类，每一类用一条中断请求线，各类之间的优先级可采用多线请求的串行排队链判优电路（如图 6-9 所示）实现；同一条中断请求线上的各中断源可采用单线请求的串行排队链判优电路（菊花链电路如图 6-8 所示）实现，按它们距离 CPU 的远近判定它们的优先级。这种排队判优方式称为二维结构中断优先级排队，如图 6-10 所示。

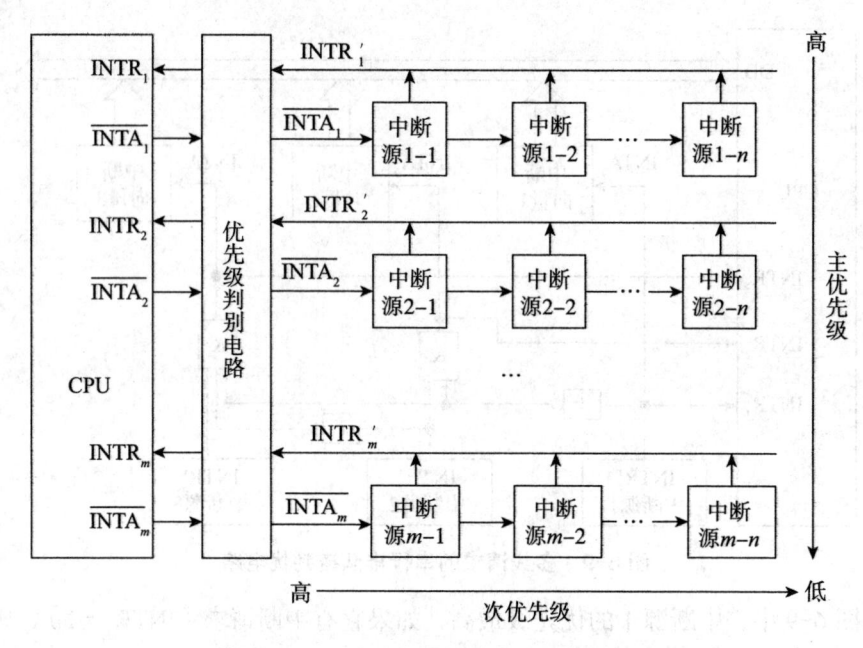

图 6-10 二维结构的终端有限级排队电路

图 6-10 中，各请求线的优先级称为主优先级，同一条请求线上各中断源的优先级称为次优先级。CPU 在处理中断时，首先比较有中断请求的中断线（即主优先级比较后优先级最高的中断线）和正在运行的程序的优先级。如果中断线优先级高于正在运行的程序，则 CPU 响应该中断线，发送相应的 INTA 信号给这条中断线的菊花链判优电路，进行次优先级比较，响应这条中断线上优先级最高的中断源。

6.4.3 中断响应

计算机系统中的中断响应是指 CPU 接收到中断请求后，按照一定的顺序进行中断源的识别、状态的保存、中断服务程序的执行等一系列操作，以完成对中断的响应。这个过程需要满足一定的条件，才能保证中断响应的正确性和有效性。

CPU 响应中断的条件如下：CPU 只有在满足特定条件时才会响应中断。通常情况下，中断请求信号必须与 CPU 的中断屏蔽状态相匹配，才能被响应。当 CPU 处于开中断状态时，可以响应任何中断请求；而当 CPU 处于关中断状态时，只有某些具有高优先级的中断请求才能被响应。另外，在处理中断的同时，

CPU 也必须能够保证其他任务的继续执行。

接着是 CPU 中断响应的过程。当 CPU 接收到中断请求信号后，会按照一定的顺序进行中断源的识别、状态的保存和中断服务程序的执行等一系列操作，从而完成对中断的响应。

1. 关闭中断

在中断响应之前，首先需要关闭中断。通过关闭中断，可以防止在中断处理过程中，其他中断的干扰。关闭中断一般通过修改处理器的状态寄存器来实现。

2. 保存断点

在响应中断前，CPU 需要将当前指令的地址和 PC 等状态信息保存下来，以便在中断服务程序执行完成后，恢复现场，继续执行原来的程序。断点的保存一般通过将现场数据保存在堆栈中实现。

3. 识别中断源

在保存现场之后，CPU 需要识别中断源，以确定要执行哪个中断服务程序。中断源的识别需要通过查找中断向量表或中断控制器实现。在找到中断源后，CPU 会根据中断向量表中的中断服务程序入口地址，跳转到对应的中断服务程序。

4. 转入中断服务程序入口地址

CPU 跳转到中断服务程序入口地址后，开始执行中断服务程序。中断服务程序的执行过程和普通程序类似，只是其执行的目的和内容有所不同。中断服务程序一般需要完成特定的任务，比如读写数据、处理信号、更新状态等等。

6.4.4 中断服务与返回

中断处理是通过执行中服务程序完成的中断服务程序是预先编好并存放于主存储器固定位置的一段程序。

1. 中断服务程序

中断服务流程图如图 6-11 所示。

```
            ┌──────────────────┐
            │ 保护寄存器、屏蔽字 │ ┐
            └──────────────────┘ │
                     │           │
            ┌──────────────────┐ │
            │   设置新的屏蔽字   │ ├ 预处理
            └──────────────────┘ │
                     │           │
            ┌──────────────────┐ │
            │      开中断       │ ┘
            └──────────────────┘
                     │
            ┌──────────────────┐
            │  中断服务程序主体  │   中断服务
            └──────────────────┘
                     │
            ┌──────────────────┐
            │      关中断       │ ┐
            └──────────────────┘ │
                     │           │
            ┌──────────────────┐ │
            │ 恢复寄存器、屏蔽字 │ ├ 恢复部分
            └──────────────────┘ │
                     │           │
            ┌──────────────────┐ │
            │      开中断       │ ┘
            └──────────────────┘
                     │
            ┌──────────────────┐
            │     中断返回      │
            └──────────────────┘
```

图 6-11 中断服务流程图

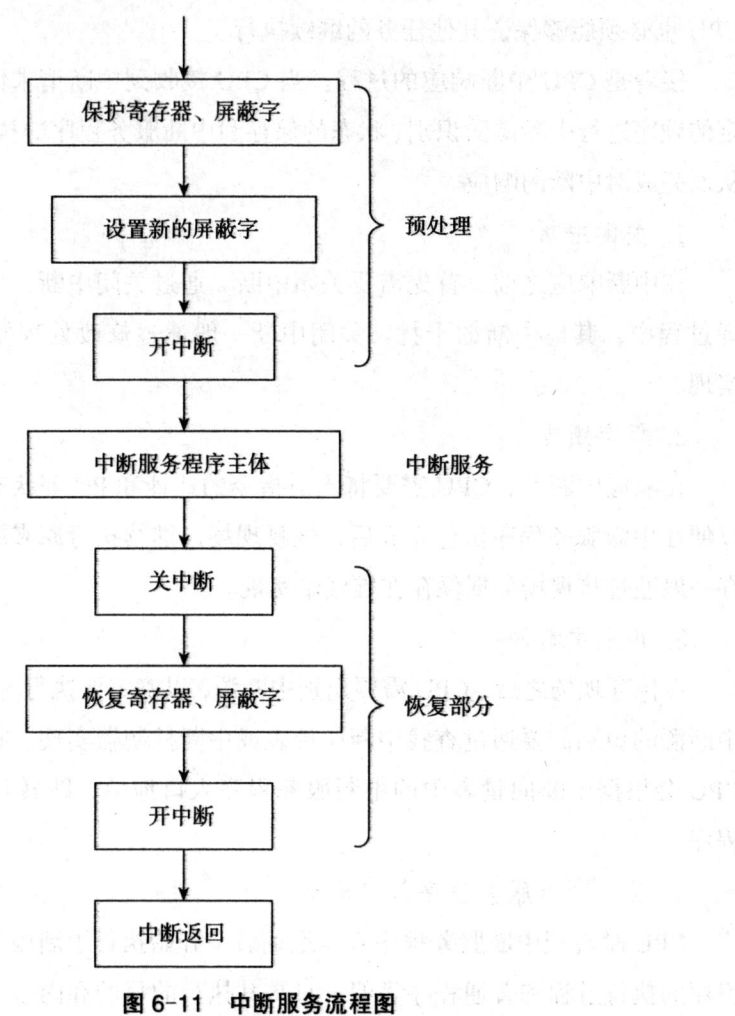

（1）预处理部分。保护现场是将在中断服务程序的运行过程中用到的一些通用寄存器进行栈保护，待中断处理结束后再将之恢复。在中断处理过程中断点（PC 的值、PSW 的值）是任何中断处理都必须保护的重要"现场"。放在中断响应周期中由硬件完成，以提高中断响应的速度。

程序要保护的寄存器只是中断服务程序中用到的寄存器，不同的中断服务程序使用的寄存器的名称不同，个数也不等，因而保护的寄存器往往放在中断服务程序中由软件完成。

因为中断隐指令中，硬件关闭了中断使能，为了在中断处理的过程中允许中断嵌套，需要软件开启中使能。而通过保存旧屏蔽字和设置新屏蔽字，可以

更改中断的优先级。若不允许中断嵌套，则无须开中断和交换屏蔽字。

（2）中断服务。中断服务是中断服务程序的核心内容，随中断源的不同而不同。如果是外围设备，则在中断服务程序中传送一个数据。譬如对于输入设备，将接口寄存器中的数据读入 CPU；对于输出设备，则将数据写入接口寄存器。

（3）恢复部分。恢复现场及恢复屏蔽字是指在中断处理程序即将结束前要恢复通用寄存器的内容及原来的屏蔽字，关中断则是因为在恢复现场的重要时间段内不允许中断。

（4）中断返回。中断返回是由中断服务程序的最后一条指令实现的，该指令的功能是将中断响应周期中保存在堆栈中的断点恢复，然后开中。同时，清除正在服务中的一些状态，如正在服务触发器当前的优先级状态等。这样就从中断服务程序转回到原来被中断的程序继续执行。

80×86 CPU 的中断返回指令等价于执行以下 3 条指令。

POP EIP：恢复指令指针 CS:EIP

PUSH CS

POPF：恢复标志寄存器 EFLAGS

2. 中断嵌套

中断嵌套是指允许 CPU 在执行某个中断服务程序的过程中再响应更高级别的中断请求，也称为多重中断。如果正在执行中断服务程序时禁止再响应其他中断请求，就称为单重中断。中断嵌套的示意图如图 6-12 所示。

由于 CPU 在进入某个中断源的中断服务程序前，在中断响应周期内执行中断隐指令由硬件关闭中断使能触发器 IE，即不允许中断。如果要使一个中断服务程序允许中断嵌套，则应当在中断服务程序中开放中断。例如 80×86 CPU 使用 STI 指令将 EFLAGS 中的 IF 位置位即开中断。

图 6-12 中当 CPU 在执行主程序时，中断源 A 提出了中断请求 $INTR_A$，CPU 将转去执行 A 的中断服务程序。若在执行 A 的中断服务程序的过程中，又有中断源 B 的中断请求 $INTR_B$ 发生，假设 B 的中断请求的优先级更高，那么当 A 的中断服务程序开中断指令 STI 执行之后，即可转而执行优先级更高的中断源 B 的中断服务程序待其执行结束后，再返回到中断源 A 的中断服务程序，

A 的中断服务程序执行结束，再返回到最开始被中断的主程序的断点处接着执行，由于断点是由堆栈保护的，按照堆栈先进后出的操作顺序，中断嵌套可以逐级进入，逐级返回，不会发生混乱。

在这个例子中，中断源 B 由于优先级更高，事务更紧迫，尽管它的中断请求 $INTR_B$ 比 A 的中断请求 $INTR_A$ 到来得晚，却优先得到 CPU 的服务，这就是中断嵌套的意义所在。引入中断嵌套之后，不仅能够先为优先级更高的中断请求服务，而且与优先级高的中断请求到达晚时，同样能得到优先服务。

中断嵌套技术的实现，关键是在中断服务程序中必须适时开放，并且使用堆栈的"先进后出"特性保证中断的逐级返回。

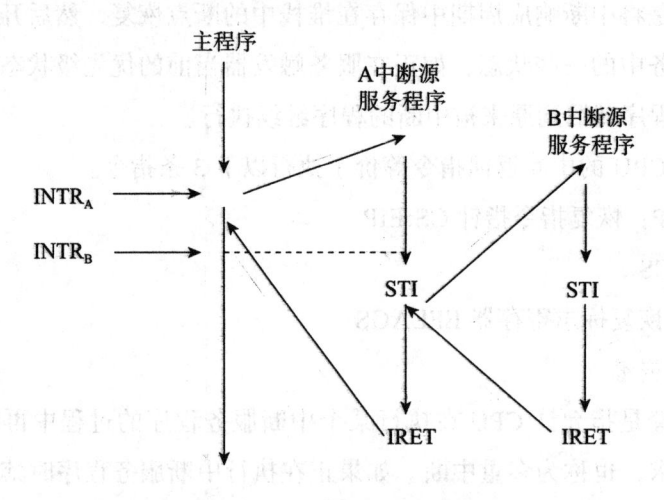

图 6-12 中断嵌套示意图

3. 利用中断屏蔽技术修改中断优先级

为了满足各中断源的要求，一般来说，当正在处理某个中断时，与它同级或比它优先级低的中断请求不能被响应，只有比它优先级高的中断请求才有可能被响应。

中断的优先级是 CPU 响应中断请求的优先次序。优先级的确定非常重要，一般由硬件排队电路决定，不便改动。但是利用中断屏蔽技术可以巧妙地改变各中断源的优先级，使计算机适应各种场合的需要。例如在中断服务程序中，通过更改中断源的屏蔽字，能够动态地改变中断处理的优先级。

通常把屏蔽字看成软件排队，通过程序修改屏蔽字的方法可以方便改变中断源得到 CPU 服务的先后次序，实现灵活的中断优先级排队。

例如有 4 个中断源 A、B、C、D，其中断响应优先级从高到低依次为 A→B→C→D。由于各中断源的中断请求是通过排队判优电路进入 CPU 的，当硬件线路连接好后，其中断响应的次序就被唯一地固定下来。因此当 ABCD 同时有中断请求时，得到 CPU 响应的次序也只能是 A→B→C→D。但是，通过软件修改其屏蔽字可以方便、灵活地调整各中断源，得到中断处理的次序。假设需要将得到 CPU 响应的次序更改为 D→B→A→C，方法是分别在中断源 ABCD 的中断服务程序中，修改屏蔽字为以下值。

A 中断源：1010

B 中断源：1110

C 中断源：0010

D 中断源：1111

下面来分析 CPU 为中断源 A、B、C、D 服务的过程。

当 A、B、C、D 同时发出中断请求时，CPU 根据排队电路的优先级首先响应中断源 A 的请求。由于在中断源 A 中断服务程序中开放了中断源 B 和 D 的中断屏蔽，B 中断源的优先级高于中断源 A，因此，中断源 B 的中断请求又中断了中断源 A 中断服务程序，因此 CPU 转去执行中断源 B 中断服务程序。中断源 B 中断服务程序中的中断屏蔽字为 1110，即开放了中断源 D 的中断屏蔽，故又从中断源 B 转入优先级更高的中断源 D 的中断服务程序。

中断源 D 的中断服务程序中设置屏蔽字为 1111，即对所有的中断源进行屏蔽，故中断源 D 中断服务程序将不允许被中断，从而得到最先服务。中断源 D 中断服务程序执行完毕后将返回被中断处，即中断源 B 中断服务程序。由于中断源 A、C、B 中断服务程序中被屏蔽，因此中断源 B 的中断服务程序不再被打断，执行完毕后返回断点即中断源 A 的中断服务程序。此时还有 C 的中断请求未被响应，但在中断源 A 中断服务程序中对中断源 C 屏蔽，故中断源 A 中断服务程序将不允许被中断源 C 中断，中断源 A 中断服务程序执行完毕后将返回被中断处，即主程序。最后 CPU 响应中断源 C 的请求，并处理。

虽然 CPU 根据排队电路的优先级，响应中断的次序是 A→B→C→D，但中断源得到中断服务并完成的实际次序是 D→B→A→C。也就是说,中断响应的次序与中断服务的次序可以不一致,中断响应的次序是由排队判优电路确定的固定次序,而中断处理的次序可以与之保持一致,也可通过修改屏蔽字来灵活地改变。

第7章 计算机系统结构

7.1 流水线

计算机流水线处理是一种提高计算机运算速度的技术。它将计算机指令的执行过程分解成多个子任务，每个子任务由不同的硬件单元负责完成，形成一条类似于流水线的生产线。这样，在同一时刻，不同指令的不同阶段可以并行执行，从而有效提高了计算机的运算速度。

7.1.1 重叠执行和相关处理

1. 重叠执行

一条指令的执行过程可分成很多个阶段，具体的分段要视各种处理机的情况而定。为了简单起见，把一条指令的执行过程分成取指令、分析指令与执行指令3个阶段，从时间上看如图7-1所示。

取指令	分析指令	执行指令

$\longrightarrow$
t

图7-1 一条指令的执行过程

其中，取指令是指按PC的内容访问主存储器，取出该指令送到指令寄存器。分析指令是指对指令的操作码进行译码，按寻址方式和地址字段形成操作数的有效地址，并用此有效地址去取操作数（可能访问主存储器，也可能访问寄存器），还要为准备取下一条指令提前形成下一条指令的地址等。执行指令则是指遵照指令操作码的要求完成指令的功能，即对操作数进行运算、处理，把运算结果存储到指定的寄存器或主存储器。3个阶段都有可能要访问主存储器。

指令的执行方式可以有顺序执行方式和重叠执行方式两种。指令的顺序执行方式是指各条机器指令之间顺序串行地执行，执行完一条指令后才取出下一条指令来执行，而且若采用微程序的 CPU，每条机器指令所对应的各条微指令也是顺序串行执行的，如图 7-2 所示。

| 取指令$_k$ | 分析指令$_k$ | 执行指令$_k$ | 取指令$_{k+1}$ | 分析指令$_{k+1}$ | 执行指令$_{k+1}$ |

图 7-2　执行的顺序执行方式

指令的另一种解释方式是重叠执行方式，在执行第 k 条指令的操作完成之前，就可开始第 $k+1$ 条指令的执行。如图 7-3 所示。重叠执行方式有两种：一次重叠执行方式和二次重叠执行方式。

```
| 取指令_k | 分析指令_k | 执行指令_k |
           | 取指令_{k+1} | 分析指令_{k+1} | 执行指令_{k+1} |
```

图 7-3　指令的一次重叠执行方式

一次重叠执行方式是最简单的重叠方式，把第 k 条指令的执行阶段和第 $k+1$ 条指令的取指令阶段重叠在一起，即这两个阶段同时进行。

二次重叠执行方式是把第 k 条指令的执行阶段和第 $k+1$ 条指令的分析以及第 $k+2$ 条指令的取指令阶段重叠在一起，即这 3 个阶段同时进行。如图 7-4 所示。

```
| 取指令_k | 分析指令_k | 执行指令_k |
           | 取指令_{k+1} | 分析指令_{k+1} | 执行指令_{k+1} |
                        | 取指令_{k+2} | 分析指令_{k+2} | 执行指令_{k+2} |
```

图 7-4　指令的二次重叠执行方式

为实现"取指令$_{k+1}$"与"分析指令$_k$"的重叠，需做到以下 3 点：

（1）让操作数和指令分别存放于两个独立编址且可同时访问的存储器中。

这还有利于实现指令的保护，但这增加了主存储器总线控制的复杂性及软件设计的麻烦。

（2）仍然维持指令和操作数混合存放，但采用多体交叉主存储器结构。只要第 k 条指令的操作数与第 $k+1$ 条指令不在同一个存储体内，仍可在一个主存储器周期（或稍许多一些时间）内取得这两者，从而实现"分析指令$_k$，"与"取指令$_{k+1}$"重叠。当然，若这两者正好共存于一个存储体时就无法重叠了。

（3）增设指令缓冲寄存器。设置指令缓冲寄存器就可以乘主存储器有空时，预先把下一条或下几条指令取出来存放在指令缓冲寄存器中。最多可预取多少条指令取决于指令缓冲寄存器的容量。这样"取指令$_{k+1}$"就能与"取指令$_{k+1}$"重叠，因为只是前者需访问主存储器取操作数，而后者是从指令缓冲器中取第 $k+1$ 条指令。

2. 相关处理

当一段程序的邻近指令之间出现某种关联后，为了避免出错而使它们不能同时被执行的现象称之为"相关"。相关有两大类：指令相关和操作数相关。

指令相关是指第 k 条指令执行的结果会影响第 $k+1$ 条指令内容而产生的关联造成第 k 条指令和第 $k+1$ 条指令不能同时执行。

操作数相关是指在第 k 条指令和第 $k+1$ 条指令的数据地址之间发生关联，而使第 k 条指令和第 $k+1$ 条指令不能同时执行。例如，第 $k+1$ 条指令的源操作数地址 x 正好是第 k 条指令存放运算结果的地址。在顺序执行时，由于先由第 k 条指令把运算结果存入主存储器单元，而后再由第 $k+1$ 条指令从 x 单元取出，这样不会出错，也就不存在相关。但在"分析指令$_{k+1}$"与"执行指令$_k$"重叠执行时"分析指令$_{k+1}$"从 x 单元取出的源操作数内容成了"执行指令$_k$"存入运算结果前的原始内容，而不是第 k 条指令的运算结果，这必然会出错。操作数相关不只是发生在主存储器空间，还发生在通用寄存器空间。

一旦发生相关，或者会使程序的执行出错，或者会使重叠执行的效率显著下降，所以必须加以正确处理。下面就来讨论相关的处理方法。

（1）指令相关的处理。对于有指令缓冲器的机器，由于指令是提前由主存储器取进指令缓冲器的，为了判定是否发生了指令相关，需要对多条指令地址和多条指令的运算结果地址进行相当复杂的比较操作，看是否有相同的。如果发现有指令相关，还要让已预取进指令缓冲器中的相关指令作废，并重取、更换指令缓冲器中的内容，这样做不仅操作控制复杂，而且增加了辅助操作时间，特别是要花一个主存储器周期去访存并重新取指，这必然会带来时间损失。

因为可能被修改的指令是以"执行"指令的操作数形式出现，并存于第 $k+1$ 条指令的物理地址，而下一条指令又是从该地址取出来的，指令代码本身就是数据，因此指令相关实际上就转化成了操作数相关，所以可以用处理操作数相关的方法来解决。

解决指令相关的根本办法是在程序设计中不允许修改指令，这样也有利于程序的调试和诊断。在 IBM370 中，有一条"执行"指令能够解决指令相关，又允许在程序执行过程中修改指令，具体细节可参考相关资料，在此不再详细介绍。

（2）操作数相关。操作数可能存放在主存储器中，也可能存放于通用寄存器中，因此就有主存储器空间数相关和通用寄存器组数相关。一般的机器中，通用寄存器还可以存放变址值，而变址值是在"分析"的前一半时间是形成操作数地址时所要用到的，它必须在分析时间段的一开始就要访问变址寄存器。这样，若在第 k 条指令"执行"的末尾形成的结果正好是第 $k+1$ 条指令"分析"时所要用的变址值，就会发生通用寄存器组的变址值相关。

①主存储器操作数相关。主存储器操作数相关是指相邻两条指令之间出现要求对主存储器同一单元先写入而后再读出的关联。如果让"执行"与"分析+"在时间上重叠，就会使"分析+"读出的操作数不是程序要求的第 k 条指令执行完后应当写入的结果，从而造成错误。

主存储器操作数相关的处理方法通常采用推后第 $k+1$ 条指令的读操作数的方法。具体方法是通过由主存储器控制器给读数写数申请安排不同的访存优先级来解决。通常，很多机器都将访存优先级依次定为通道申请、写数、读数、取指令。这样，当第 k 条和第 $k+1$ 条指令出现主存储器空间数相关时，"执行指令$_k$"与"分析指令$_{k+1}$"同时对主存储器同一个单元发出访存申请，但因"写数"级别高于"读数"，主存储器控制器先处理"执行指令$_k$"的写数，"分析指令$_{k+1}$"的读数申请必然推迟到下一个主存储器周期才有可能被处理，从而就自动实现了推后"分析指令$_{k+1}$"的读数，就不用处理器另外采取措施。

②通用寄存器组相关的处理。通用寄存器既可存放操作数、运算结果，也可以存放变址值，但是在指令执行过程中，使用通用寄存器作为不同用途所需的有关微操作时间要求是不相同的。存放于通用寄存器中的基址或变址值一般总是在"分析"周期的前半段就要取出来用；而操作数则是在"分析"周期的后半段取出，到"执行"周期的前半段才用得上；运算结果只有在"执行"周期的末尾才形成，并送入通用寄存器中。

7.1.2 流水线工作原理

计算机流水线是一种将指令的执行过程分为多个阶段，并在每个阶段都同时进行不同指令的处理的技术。这种技术可将处理速度提高数倍，因为在单个时钟周期内，每个指令只需经过部分处理阶段而不是全部阶段，可以更快地完成一条指令的执行，从而提高整个系统的效率。

计算机流水线的工作原理是将指令的执行过程划分为若干个阶段，每个阶段由不同的硬件单元执行。每个阶段执行不同的操作，例如取指令、译码、执行、访存和写回等。每个阶段都有一个专门的硬件单元执行操作，并在完成操作后将结果传递到下一个阶段。

当一条指令进入流水线时，它会依次经过各个阶段的处理，并在最后一个阶段完成执行。当第一条指令通过第一个阶段时，第二条指令可以进入第一个阶段，因此可以同时执行多条指令。这种并行执行指令的方式称为指令级并行。

然而，流水线处理可能会遇到一些问题，例如数据相关和控制相关。数据相关发生在一个阶段需要使用前一个阶段产生的结果时，但是前一个阶段的结果尚未可用，这会导致数据错误。为了解决这个问题，可以通过数据前推和数据旁路等技术来实现。控制相关则是由于分支指令可能改变下一条指令的执行地址，这会影响流水线的处理流程。解决这个问题的方法是预测分支指令的结果并提前执行可能的下一条指令，以便在分支指令的结果出现之前，处理器可以继续执行其他指令。

前面是把一条指令的执行分成 3 个阶段，但是在现代计算机中，指令译码很快，尤其 RISC 更是这样，只要指令每次都可以在指令缓冲器中取得，就可以把取指令和分析指令这两个阶段合并成一个阶段。一条指令的"分析"与"执行"两个阶段，分别在独立的分析部件和执行部件上进行。因此，不必等一条指令的"分析""执行"阶段都完成才送入下一条指令，而是分析部件在完成一条指令的"分析"阶段时，就可开始下一条指令的"分析"阶段。若"分析"与"执行"子过程都需要Δt的时间，如图 7-5 所示，就一条指令的执行来看，需要$2\Delta t$才能完成，但从机器的输出来看，每隔Δt就能完成一条指令的执行。流水线的最大吞吐率提高，最大吞吐率是指当流水线正常满负荷工作时，单位时间内机器所能处理的最多指令条数或机器能输出的最多结果数。

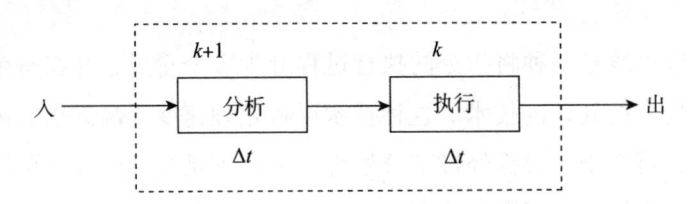

图 7-5 两阶段指令的重叠执行

如图 7-6 所示，把"分析"阶段再细分成"取指令""指令译码"和"取操作数"3 个阶段，并改进运算器的结构以加快其"执行"阶段。这 4 个子过程分别由独立的子部件实现，让指令经过各子部件的时间都相同。

从图 7-6（a）可以看出，一条指令从进入流水线到结果流出，需经历"取指令""指令译码""取操作数"和"执行"4 个子阶段，每个子阶段需要Δt的时间，则一条指令的执行需要$4\Delta t$的时间完成。当第 1 条指令完成"取指令"子阶段时，就可以开始第 2 条指令的"取指令"子阶段；当第 1 条指令完成"指令译码"子阶段而进入"取操作数"子阶段时，就可以开始第 2 条指令的"指令译码"子阶段；同时，第 2 条指令的"取指令"子阶段结束时，可以开始第 3 条指令的"取指令"子阶段。依此类推，当第 1 条指令进入"执行"子阶段时，第 2 条指令可进入"取操作数"子阶段，第 3 条指令可进入"指令译码"子阶段，第 4 条指令可进入"取指令"子阶段，显然，图 7-6（b）中的流水线可同时执行 4 条指令。

第 7 章 计算机系统结构

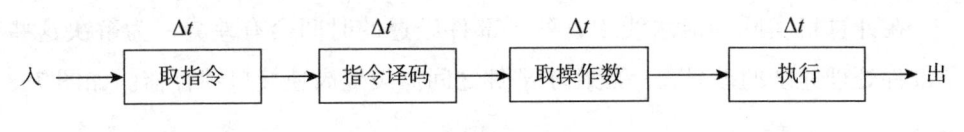

(a) 指令解释的流水处理

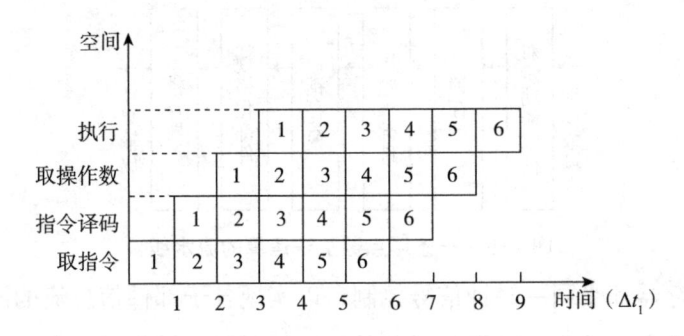

(b) 流水处理的时空图

图 7-6 流水线处理

如果能把一条指令的执行分解成时间大致相等的 N 个子阶段，如图 7-7 所示，则流水线的最大吞吐率会进一步提高。

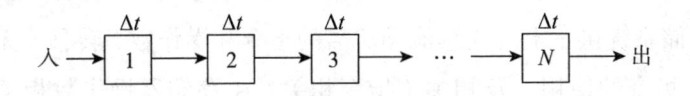

(a) 指令解释分为 N 个过程

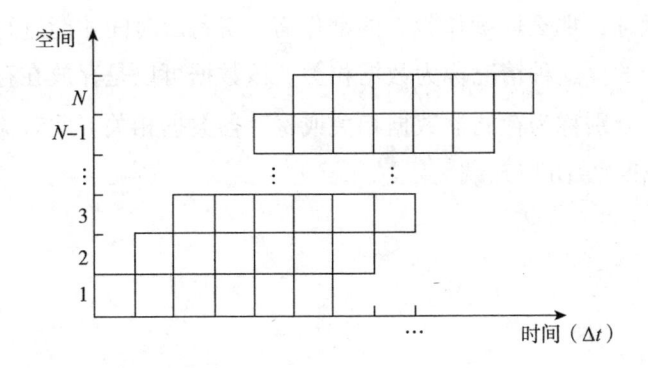

(b) 流水处理的时空图

图 7-7 N 个子阶段的流水线

在计算机实际的流水线中，各子部件经过的时间会有差异。为解决这些子部件处理速度的差异，一般在子部件之间需设置高速接口锁存器。如图7-8所示。

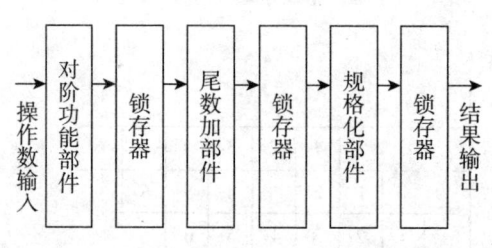

图 7-8 一条浮点数加法运算的流水线

所有锁存器都受同一时钟信号控制，以实现各子部件信息流的同步推进。时钟信号周期不得低于速度最慢子部件的经过时间与锁存器的存取时间之和，还要考虑时钟信号到各锁存器可能存在的时延差。所以，子阶段的细分，会因锁存器数量增多而增大指令或指令流过流水线的时间，这在一定程度上会抵消子阶段细分而使流水线吞吐率得到提高的好处。

流水线只有连续不断地流动，即不出现"断流"，才能有高效率。造成流水线"断流"的原因很多，如编译程序形成的目标程序不能发挥流水结构的作用原因，存储系统供不上为连续流动所需的指令和操作数，转移（无条件转移、条件转移）指令的使用，及相关（指令相关、主存储器操作数相关和通用/变址寄存器组操作数相关）和中断的出现。

在图7-9的4段流水线中，假如第2条指令的操作数地址即为第一条指令保存结果的地址，那么取操作数2的动作需要等待Δt时间才能进行，否则取得的数据是错误的。这种情况称为数据相关。该数据可以是存放在存储器中或通用寄存器中，分别称为存储器数据相关或寄存器数据相关。此时流水线中指令流动情况将如图7-10所示。

I_1	取指令	计算地址	取操作数	运算*			
I_2		取指令	计算地址	取操作数	运算*		
I_3			取指令	计算地址	取操作数	运算*	
I_4				取指令	计算地址	取操作数	运算*

注*：运算=计算并保存结果

图 7-9　4 段流水线

取指令	计算地址	取操作数	运算*			
	取指令	计算地址	——	取操作数	运算*	
		取指令	——	计算地址	取操作数	运算*

（a）

取指令	计算地址	取操作数	运算*	
	取指令	计算地址	取操作数**	运算

注*：运算=计算并保存结果
**：此操作不按常规进行

（b）

图 7-10　流水线阻塞情况

为了改善流水线工作情况，一般设置相关专用通路，即当发生数据相关时，第 2 条指令的操作数直接从数据处理部件得到，而不是存入后再读取，这样指令能按图 7-10（b）流动。由于数据不相关时，仍需到存储器或寄存器中取数，因此增加了控制的复杂性。另外，由于计算机内有较多指令存在，其繁简程度不一，执行时间及流水线段数不同，相关的情况各异，有时避免不了产生不能连续工作的情况，这种现象称为流水线阻塞或产生了"气泡"。

同样，流水线机器在遇到转移指令，尤其是条件转移指令时，效率也会显著下降。如果流水线机器的转移条件码是由条件转移指令本身或是由它的前一条指令形成的，则只有该指令流出流水线时才能建立转移条件，并依此决定下一条指令的地址。那么从条件转移指令进入流水线，译码出它是条件转移指令直至它流出的整个期间，流水线都不能继续往前处理。若转移成功，但转向的目标指令又不在指令缓冲器内时，还得重新访存并取指令。转移指令和其后的指令之间存在关联，使之不能同时解释，其造成的对流水线机器的吞吐率和效率下降的影响与指令相关，主存储器操作数相关和通用/变址寄存器操作数相关严重得多，它可能会造成流水线中很多已被解释的指令作废，重新预取指令进入指令缓冲寄存器，它将影响整个程序的执行顺序，所以称之为全局性相关。

全局相关经常用分支预测的处理方法进行处理。若指令 i 是条件转移指令，它有两个分支，如图 7-11 所示。一个分支是 $i+1$，$i+2$，$i+3$，…按原来的顺序继续执行下去，称转移不成功分支；另一个分支是转向 p，然后继续执行 $p+1$，$p+2$，$p+3$，…称为转移成功分支。流水线方式是同时执行多条指令的，因此，当指令 i 进入流水线时，后面进 $i+1$ 还是进 p，只有等条件码建立才能知道，而这一般要等该条件转移指令快流出流水线时。如果在此期间让 i 之后的指令等着，流水线就会"断流"，性能将会急剧下降。为了在遇到条件转移指令时，流水线仍能继续向前流动，不使吞吐率和效率下降，绝大多数机器都采用分支预测技术。猜取第 $i+1$ 条指令和第 p 条指令所在分支中的一个继续向前流动。

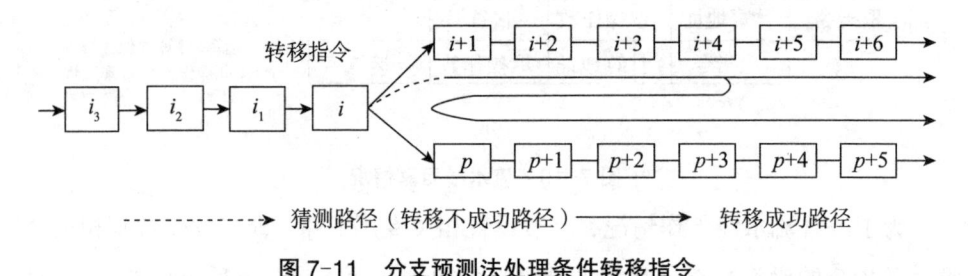

图 7-11 分支预测法处理条件转移指令

分支预测技术可以分为静态分支预测和动态分支预测，这里只讨论静态分支预测技术。静态分支预测技术可以有两种实现方法。一种是分析程序结构本身的特点或使用该程序以前运行时收集的模拟信息。不少条件转移的两个分支的出现概率是能够预估的，只要程序设计者或编译程序把出现概率高的分支安排为猜选分支，就能显著减少由于处理条件转移所带来的流水线吞吐率和效率的损失。另一种是按照分支的方向来预测分支是否转移成功，当两者概率差不多时，一般选取不成功转移分支。因为这些指令一般已预取进指令缓冲器，可以很快从指令缓冲器取出，进入流入线而不必等待。如果转移分支猜选成功，指令很可能不在指令缓冲器中，需花较长时间去访存以取得，使流水线实际上断流。例如，IBM360/91 采用转移不成功分支。但这两种方法猜错的概率都不低于 30%。要提高预测的准确度，可以采用动态预测的方法，在硬件上建立分

第 7 章 计算机系统结构

支预测缓冲站及分支目标缓冲站，根据执行过程中转移的历史记录来动态地预测转移选择，其预测准确度可以提高到 90% 左右。这种方法在 POWERPC620 的分支预测中得到了采用。

恢复已经开始执行的那些指令的原有现场有如下 3 种方法。一是对猜测指令的执行只完成译码和准备好操作数，在转移条件码出现前不执行运算。二是对猜测指令的执行可完成到运算完毕，但不送回运算结果。然而早期所用的这两种办法不方便，因为若猜对后还要让这些指令继续完成余留的操作，随着器件技术的发展，已经可以让它们和正常情况一样，不加区别的全部执行完。三是对在流水线中的猜测指令不加区别地全部执行完，但需把可能被破坏的原始状态都用后援寄存器保存起来，一旦猜错就取出后援寄存器的内容来恢复分支点的现场。一般猜对的概率要高，猜对后既不用恢复，也不用再花时间去完成余留的操作。因此，采用后援寄存器法比前两种方法的实现效率会更高一些。

在计算机运行时，当 I/O 设备有中断请求或机器有故障时，要求中止当前程序的执行而转入中断处理。在流水线机器中，在流水线中存在几条指令，因此就有一个如何"断流"的问题。当 I/O 系统提出中断时，可以考虑把流水线中的指令全部完成，而新指令则按中断程序要求取出；但当出现诸如地址错、存储器错、运算错而中断时，假如这些错误是由第 i 条指令发生的，那么在其后已进入流水线的第 $i+1$ 条指令，第 $i+2$ 条指令……也是不应该再执行的。

流水线机器处理中断的方法有两种：不精确断点法和精确断点法。

（1）不精确断点法。不论第 i 条指令在流水线的哪一段发出中断申请，都不再允许那时还未进入流水线的后续指令再进入，但已在流水线的所有指令仍然可以流动到执行完毕，然后转入中断处理程序。采用这种中断处理方法，只有当第 i 条指令是在第 1 段发出中断申请时，断点才是正确的。

（2）精确断点法。不论第 i 条指令是在流水线中哪一段发的中断申请，给中断处理程序的现场全都是对应第 i 条的，在第 i 条之后进入流水线的指令的原有现场都能恢复。精确断点法需采用很多的后援寄存器分别保存各条指令在流水线中执行时的状态，其内容随流水线的流动而变化，以保证流水线内各条指令的原有状态都能保存和恢复。

7.1.3 流水线的特点

1. 一条流水线通常由多个阶段组成

每个阶段负责执行特定的操作,例如取指令、指令译码、执行指令等。不同的流水段之间相互独立,每个流水段的操作都不会对其他流水段产生影响。

2. 每个流水段有专门的功能部件对指令进行某种加工

例如,取指令流水段会使用指令地址加法器和指令缓冲器等部件来获取指令;指令译码流水段会使用寄存器文件和 ID 等部件来解码指令;执行指令流水段会使用 ALU、乘除法器等部件来执行指令操作。

3. 各流水段所需的时间是一样的

由于流水线中各阶段所需的时间相同,因此,在流水线中各个阶段可以并行地工作,提高了计算机的运算速度。当各个阶段所需时间不同时,较慢的阶段将成为瓶颈,导致整个流水线的效率下降。

4. 流水线工作阶段可分为建立、满载和排空 3 个阶段

建立阶段是流水线开始工作前的阶段,它通常涉及初始化各个流水段所需的控制信号和数据传输方式。满载阶段是指流水线已经达到最大运行效率的阶段,此时各个流水段都在工作,流水线的吞吐量达到最大。排空阶段是指流水线即将结束的阶段,此时各个流水段已经完成了各自的操作,将结果写回到寄存器或存储器中。

7.1.4 流水线的分类

1. 按流水处理的级别不同分类

按流水处理的级别不同分类,可以分为指令级流水线和微操作级流水线两类。指令级流水线是指在指令级别上进行流水处理,即将一条指令分成多个流水阶段进行并行处理。微操作级流水线则是在更小的操作级别上进行流水处理,将每个指令的每个微操作分成多个流水阶段进行并行处理。

2. 按流水线功能的多少分类

按流水线功能的多少分类,可以分为单功能流水线和多功能流水线两类。单功能流水线是指流水线中每个阶段只完成一个特定的任务,而多功能流水线则是将多个功能集成在一个流水线中,每个流水阶段可以完成多个不同的任务。

3. 按流水线的工作方式分类

按流水线的工作方式分类,可以分为同步流水线和异步流水线两类。同步流水线中每个流水阶段的处理时间是相等的,并且同步流水线需要通过时钟信号进行同步,每个阶段必须在时钟信号的驱动下执行。而异步流水线中每个流水阶段的处理时间是不等的,每个阶段都有自己的时钟信号,相邻的流水阶段通过控制电路完成流水操作。

4. 按流水线的连接方式分类

按流水线的连接方式分类,可以分为线性流水线和非线性流水线两类。线性流水线是指每个流水阶段按照顺序连接在一起,形成一条线性流水线。而非线性流水线则是采用分支、合并等方式连接流水段,形成非线性流水线。

7.2 并行处理机

并行处理机是一种能够同时执行多个任务或操作的计算机系统。它能够利用多个处理器并行地执行任务,从而提高系统的计算能力和效率。与串行处理机相比,它能够在同一时间内完成更多的计算任务,从而在短时间内处理更多的数据和信息。

并行处理机是计算机发展的一个重要方向,它的出现是为了解决串行处理机在处理大规模数据时速度慢、效率低的问题。并行处理机利用多个处理器同时处理任务,将一个大任务分解成多个小任务,每个处理器同时执行一个小任务,最后将小任务的结果合并起来得到整个任务的结果。这种方式可以有效提高系统的处理能力和效率,特别是对于需要大量计算的科学计算和工程计算等应用领域具有重要意义。

根据并行处理机中多处理器之间的通信方式不同,可以将其分为共享存储器系统和分布式存储器系统两种类型。在共享存储器系统中,多个处理器共享同一块存储器,处理器之间可以直接共享数据。而在分布式存储器系统中,每个处理器都有自己的存储器,处理器之间通过消息传递的方式共享数据。

并行处理机的应用范围非常广泛,包括科学计算、工程计算、图像处理、人工智能、高性能计算等领域。在这些领域中,大量的计算任务需要同时处理多个数据，使用并行处理机可以有效提高计算效率和速度。另外，随着计算机技术的不断发展，越来越多的应用需要使用并行处理机来完成，比如分布式系统、云计算等。

7.2.1 并行处理机的基本结构

1. 分布式存储器结构

分布式存储器结构的 SIMD 计算机如图 7-12 所示。它包含重复设置的多个同样的处理单元（PE），通过数据寻径网络以一定方式互相连接。每个 PE 有各自的本地存储器（LM），在统一的阵列控制部件作用下，实现并行操作。程序和数据通过主机装入控制存储器。由于通过控制部件的是单指令流，所以指令的执行顺序还是和单处理机一样，基本上是串行处理。

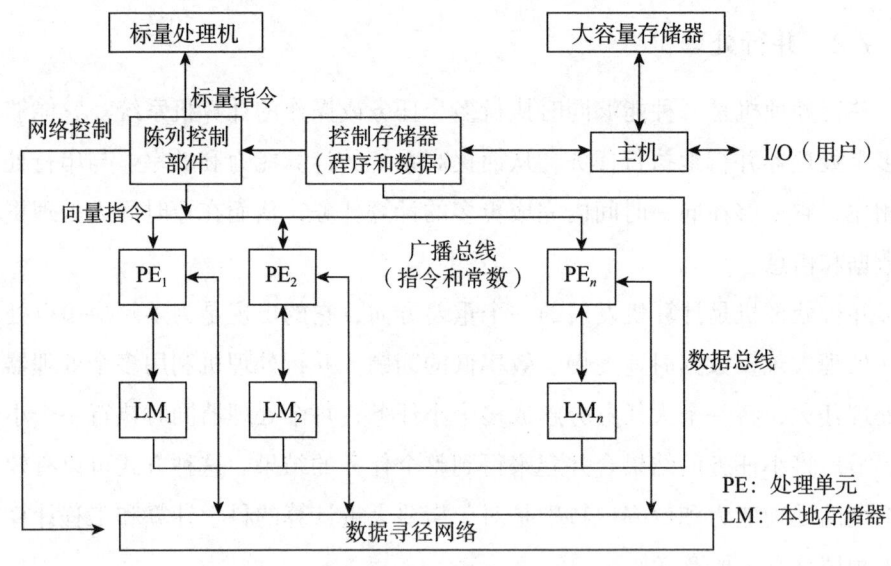

图 7-12 分布式存储器的 SIMD 计算机

由图 7-12 可以看出，所有 PE 在同一个周期执行同一条指令。然而可以用屏蔽逻辑来决定任何一个 PE 在给定的指令周期执行或不执行指令。ILLIAC Ⅳ 是这种结构的 SIMD 计算机，它由 64 个有本地存储器的 PE 组成，PE 间通过 8×8 环绕连接网格实现互联。

目前构造的 SIMD 计算机大部分是基于分布式存储器模型的系统。各种 SIMD 计算机的主要差别在于进行 PE 之间互相通信的数据寻径网络不同。4-

邻连接网格结构在过去是最受欢迎的一种。除了 ILLIAC Ⅳ 外，Coodyear MPP 和 AMT DAP610 也是用二维网格实现的。CM-2 实现的嵌在网格中的超立方体和 MasPar-MP-1 实现的 X-Net 加多级交叉开关的寻径器都是由网格演变而来的。

2. 共享存储器结构

共享存储器结构的 SIMD 计算机如图 7-13 所示。这是一种集中设置存储器的方案。共享存储（Shared Memory，简称 SM）通过对准网络与各处理单元相连。存储模块的数目等于或略大于处理单元的数目。同时在存储模块之间合理分配数据，通过灵活、高速地对准网络，使存储器与处理单元之间的数据传送在大多数向量运算中都能以存储器的最高频率进行，而最少受存储冲突的影响。这种共享存储器模型在处理单元数目不太大的情况下是很理想的。巴勒斯科学处理器采用了这种结构。16 个 PE 通过一个 16×17 的对准网络访问 17 个共享存储器模块。存储器模块数与 PE 数互质可以实现无冲突并行地访问存储器。

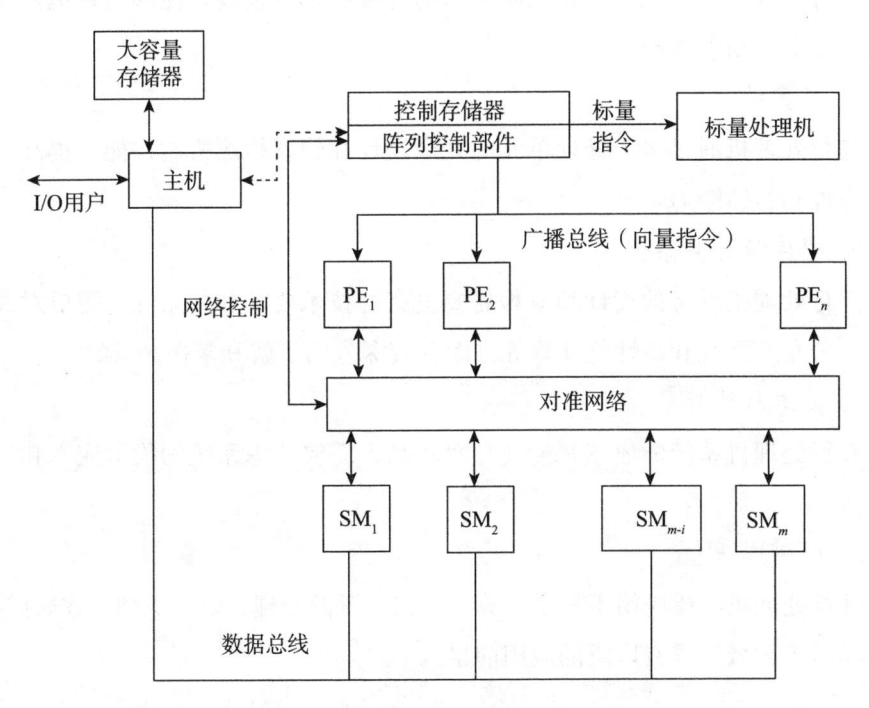

图 7-13 共享存储器的 SIMD 计算机

7.2.2 并行处理机的特点

并行处理机是一种通过同时处理多个任务来提高计算机运算速度和系统性能的计算机系统。它具有以下特点：

1. 并行性

并行处理机中的多个处理单元能够同时处理多个任务，使系统能够同时处理多个任务，提高系统的吞吐量和响应速度。

2. 高效性

并行处理机通过多个处理单元的并行计算和任务分配，能够有效地提高系统的计算效率和性能。

3. 可扩展性

并行处理机系统可以根据需要添加或删除处理单元，使系统的规模可以随着需求进行扩展或收缩。

4. 通信性能

并行处理机中的处理单元之间通信的速度和带宽很高，能够有效地支持大规模的数据传输和处理。

5. 可靠性

并行处理机通过多个处理单元的冗余设计和错误检测机制，能够提高系统的可靠性和容错能力。

6. 程序设计复杂性

并行处理机系统的设计和编程需要更高的技术要求和复杂性，需要对并发编程、分布式系统和高性能计算等方面有较深入的了解和掌握。

7. 成本和能耗

并行处理机系统的成本和能耗相对较高，需要考虑系统的投资成本和运行成本。

8. 应用广泛

并行处理机广泛应用于科学计算、模拟、图像处理、语音识别、数据挖掘、机器学习等领域，具有广泛的应用前景。

7.3 多处理机

多处理机是指由多个 CPU 组成的计算机系统。与单处理器相比，多处理器可以同时执行多个任务，具有更高的计算能力和更快的响应速度。使用多处理器的主要目的是提高计算机系统的性能，满足对计算能力要求更高的应用场景。

7.3.1 多处理机的主要特点

1. 可扩展性

多处理机系统中可以通过增加处理器的数量来提高系统的性能。在某些应用场景下，系统的负载可能会随着时间的推移而增加，此时只需要添加更多的处理器即可。

2. 高可靠性

多处理机系统中，每个处理器可以独立工作，故当其中一个处理器出现故障时，其他处理器可以继续工作，保证系统的可靠性。

3. 高并发性

多处理机系统中，多个处理器可以并行处理多个任务，提高了系统的并发性，可以满足高并发的需求。

4. 分布式处理

多处理机系统中，每个处理器都可以独立处理任务，可以根据任务的性质将任务分配到不同的处理器上进行处理，提高了系统的灵活性和处理效率。

5. 共享资源

多处理机系统中，多个处理器可以共享系统资源，例如存储器、硬盘、网络等，从而更加高效地利用系统资源。

6. 异构性

多处理机系统中，处理器可以采用不同的处理器架构、速度、容量等特点，以适应不同的应用场景。

7. 负载均衡

多处理机系统中，任务可以根据系统负载自动地分配到处理器上，从而实现负载均衡，提高了系统的效率。

8. 可编程性

多处理机系统中，每个处理器都是可编程的，可以根据应用的需要编写特定的程序，从而实现更高效的数据处理。

9. 高性能计算

多处理机系统可以实现高性能计算，例如科学计算、大规模数据分析等。

10. 低成本

多处理机系统相对于单处理器系统来说，可以利用低成本的处理器构建，从而降低系统的成本。

7.3.2 多处理机的分类

多处理机系统在系统结构上可分为紧耦合系统和松耦合系统。

1. 紧耦合多处理机系统

紧耦合多处理机系统是通过共享主存储器实现处理机之间的相互通信的。在这种系统中，通常处理机的数目是有限的。这是因为主要受两个方面的约束，一是因使用共享主存储器进行通信，所以当处理机数目增多时，将导致访问主存储器资源冲突的概率增大，使系统效率下降；二是处理机与主存储器之间互联网络的带宽有限，当处理机数目增多后，互联网络的访问速度将成为系统性能的瓶颈。

为了改善访问主存储器所发生的冲突，常采用如下一些方法。

（1）采用多模块交叉访问的主存储器系统。交叉度越高，访问主存储器冲突的概率就越小，但是必须注意如何恰当地将数据分配到各个存储模块中去。

（2）使每个处理机拥有一个小容量的局部存储器，用来存放频繁使用的核心代码等，以减少主存储器访问次数。

（3）每个处理机都有一个高速缓冲存储器，以减少对主存储器的访问。但是必须注意高速缓冲存储器与主存储器之间以及各个高速缓冲存储器之间的数据一致性问题。

一个典型的紧耦合多处理机系统如图 7-14 所示。系统由 m 个存储模块、n 个处理机和 d 个 I/O 通道组成，由 3 个互联网络 PMIN（处理机－主存储器）、PPIN（处理机－处理机）和 PIOIN（处理机－I/O 通道）将它们连接起来。

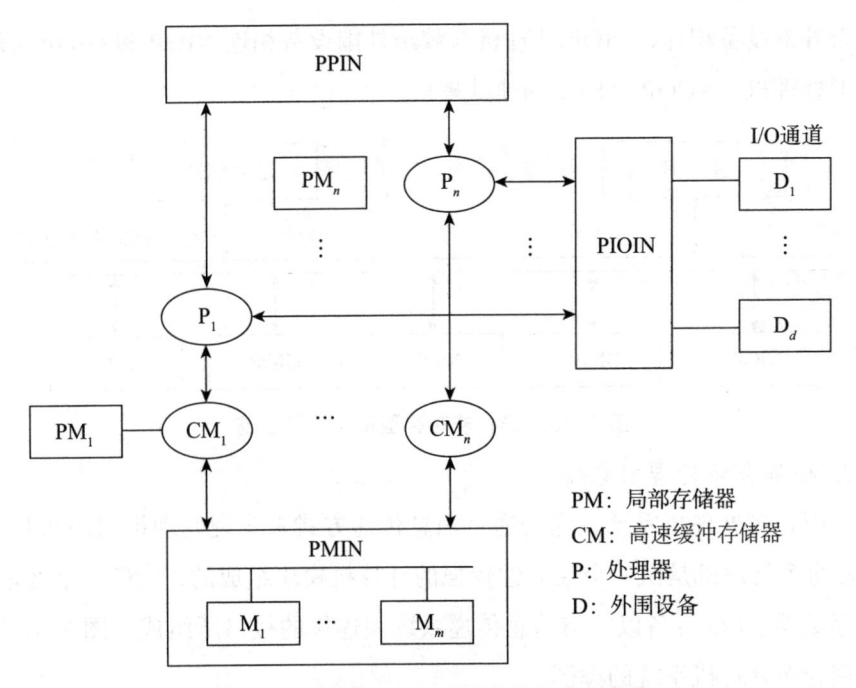

图 7-14 紧耦合多处理机系统的典型结构

PM：局部存储器
CM：高速缓冲存储器
P：处理器
D：外围设备

紧耦合系统按所用处理机的类型是否相同及对称，又可分为同构或异构、对称或非对称形式常见的组合是同构对称型多处理机系统及异构非对称型多处理机系统。

同构对称型多处理机系统又称为对称多处理机（Symmetric Multiprocessor，简称 SMP），它使用具有片上或外置高速缓冲存储器的商品微处理器，它们通过高速总线或交叉开关连接 SM。共享存储器是由若干个集中的 SM 存储模块组成的，因此，SMP 也称为集中式共享存储多处理机。SMP 的关键结构特征是对称性，即每个处理器可以平等地访问共享存储器、I/O 设备和享有操作系统的服务。正是由于对称性，才能开拓较高的并行度，但也是由于共享存储，限制了系统中的处理器个数，一般少于 64 个。这种机器主要应用于商务，例如数据库、在线事务处理和数据仓库等。典型的同构对称型多处理机系统是 Sequence 公司生产的 Balance 多处理机系统和我国国家智能中心研制的"曙光一号"。

异构非对称型多处理机系统如图 7-15 所示，主 CPU 所用的微处理机可不同于从机中的微处理机，各从机的结构不同，功能也不同。其中 CIOP 处理机与字符外围设备相连，BIOP 处理机与数组外围设备相连 NIOP 和 GIOP 为网络及图形处理机，ACOP 为向量加速处理机。

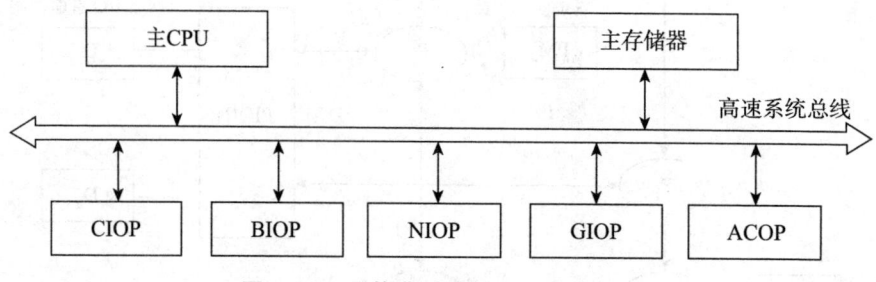

图 7-15 异构非对称型多处理机系统

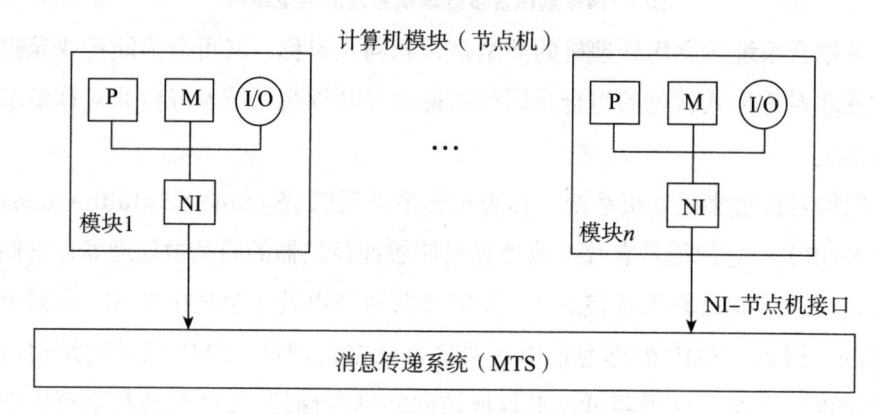

2. 松耦合多处理机系统

松耦合多处理机系统，它是通过消息传递方式来实现处理机间的相互通信的，而每个处理机是由一个独立性较强的计算机模块组成的，该模块由处理器、局部存储器、I/O 设备以及与消息传递系统相连接的接口所组成。图 7-16 所示为松耦合多处理机系统的框图。

图 7-16 松耦合多处理机系统

松耦合多处理机系统可分为非层次式和层次式两种结构。图 7-17 中的多处理机系统结构即是非层次式的。其中的网络接口通常由通道和仲裁开关组成，用来在有两个或多个计算机模块同时请求访问消息传递系统时进行仲裁。

7.3.3 多处理机间的互连方式

多处理机系统中常用的互连模式有以下几种：

1. 总线互连方式

总线互连方式是多处理机互连方式中最常用的一种方式。它是通过一条总线来连接各个处理器，存储器和外设，并共享总线传输带宽，实现各处理器之间的数据交换。总线互连方式的主要优点是简单，易于实现和维护，成本较低。同时，通过增加总线带宽和采用一些调度算法，总线互连方式也能够提高多处理机系统的性能。但是，由于所有处理器和设备都连接到同一个总线上，这样的互连方式会产生一些问题，如总线冲突、数据竞争等问题，这些问题可能会导致系统性能的下降。

2. 环形互连方式

环形互连方式是一种基于环形拓扑结构的多处理机互连方式。在环形互连方式中，处理器和存储器通过环形结构互相连接，每个处理器节点只连接两个相邻处理器节点。由于环形结构中数据只能在相邻节点之间传输，因此需要采用一些路由算法来实现数据在整个系统中的传输。环形互连方式的主要优点是具有良好的可扩展性和容错性。但是，由于需要采用一些路由算法，环形互连方式的实现和维护相对较为复杂。

如图 7-17 所示，在这种多处理机上，信息的传递过程是由发送进程将信息送到环上，经环形网络不断向下一台处理机传递，直到此信息又回到发送者处为止。

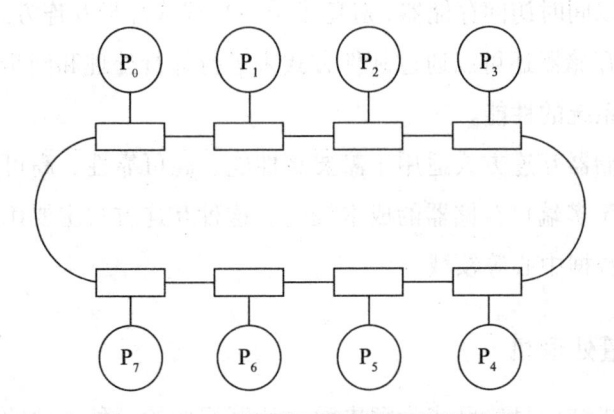

图 7-17　多处理机系统的环形互连方式

3. 交叉开关互连方式

交叉开关互连方式是一种通过交叉开关实现处理器和存储器之间的互连的

方式。在交叉开关互连方式中，处理器和存储器通过交叉开关连接，交叉开关的主要作用是实现数据在处理器和存储器之间的转发和交换。交叉开关互连方式的主要优点是具有良好的可扩展性和高性能。交叉开关可以根据数据流量的大小和分布情况，动态地调整数据的传输路线。图 7-18 所示为纵横交叉开关互连方式。

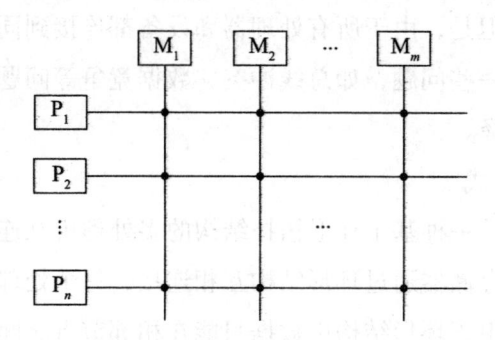

图 7-18 多处理机系统的交叉开关互连方式

4. 多端口存储器互连方式

多端口存储器是一种可以同时支持多个处理器或输入输出设备访问的存储器。在多处理机系统中，通过使用多端口存储器来实现多处理机之间的互连。

多端口存储器的每个端口都是一个完整的存储器接口，每个端口都有自己的地址和数据线，并且可以独立地进行读写操作。这种互连方式的主要优点是，多个处理机可以同时访问存储器，避免了单一总线或环形互连方式的瓶颈问题。此外，多端口存储器还可以通过硬件方式来进行并行处理和同步操作，有效提高了多处理机系统的性能。

多端口存储器互连方式适用于需要高性能、高可靠性、高可扩展性的多处理机系统。由于多端口存储器的成本较高，这种互连方式主要用于大型高性能计算机系统和数据中心等领域。

7.4 向量处理机

向量处理机结构目前已成为解决数值计算问题的一种重要的高性能结构。它有两个主要的优点是效率高和适用性广。绝大多数向量处理机都采用流水线结构。当一条流水线不能达到所要求的性能时，设计者往往采用多条流水线这种处理机不仅能处理单条流水线上的数据，还能并行地处理多条流水线上独立无关的数据。

7.4.1 向量处理方式

在大型数组的处理中常常包含向量计算，按照数组中各计算相继的次序，可以把向量处理方法分为 3 种。

（1）横向处理方式。向量计算是按行的方式从左至右横向地进行。

（2）纵向处理方式。向量计算是按列的方式自上而下纵向地进行。

（3）纵横处理方式。横向处理和纵向处理相结合的方式。

下面通过一个简单的例子来说明上述 3 种处理方式。

假设计算表达式 $D = A \times (B + C)$，其中 A、B、C、D 都是长度为 N 的向量。

$$A = (a_1, a_2, \cdots, a_N)$$
$$B = (b_1, b_2, \cdots, b_N)$$
$$C = (c_1, c_2, \cdots, c_N)$$
$$D = (d_1, d_2, \cdots, d_N)$$

1. 横向（水平）处理方式

在横向处理方式中，向量计算是按行的方式从左到右横向地进行的。对于给定的例子，$D = A \times (B + C)$，就是逐个求 d_i：

先计算　　$d_1 \leftarrow a_1 \times (b_1 + c_1)$

再计算　　$d_2 \leftarrow a_2 \times (b_2 + c_2)$

最后计算　$d_N \leftarrow a_N \times (b_N + c_N)$

一般计算机就是采用这种方式组成循环程序进行处理的。每次循环完成以下计算（共循环 N 次）。

$$k_i \leftarrow b_i + c_i$$
$$d_i \leftarrow a_i \times k_i$$

进行流水线处理时，在每次循环中，都会发生一次数据相关和两次流水线的功能切换（若采用多功能流水线）。所以总共会发生 N 次数据相关和 $2N$ 次功能切换。显然，这种处理方式适用于一般的处理机，即标量处理机，而不适用于向量处理机的并行处理。

2. 纵向（垂直）处理方式

在纵向处理方式中，向量计算是按列的方式从上到下纵向地进行。也就是说，是将整个向量按相同的运算处理完之后，再去执行其他的运算。对于上述例子的步骤。

先完成

$$k_1 \leftarrow b_1 + c_1$$
$$k_2 \leftarrow b_2 + c_2$$

……

然后再计算

$$d_1 \leftarrow a_1 \times k_1$$
$$d_2 \leftarrow a_2 \times k_2$$

……

表示成向量指令，即

$$K = B + C$$
$$D = K \times A$$

这里，在每条向量指令内都是单一相同的运算，两条向量指令间仅有一次数据相关和一次功能切换（若采用多功能流水线）。这种处理方式适用于向量处理机。

在纵向处理方式中，向量长度 N 的大小不受限制，无论 N 有多大，相同的运算都用一条向量指令完成。因此，需要采用存储器-存储器结构，即向量指令的源向量和目的向量都存放在存储器中，运算的中间结果需要送回存储器保存（而不能通过设置向量寄存器来存放）。因而，对存储器的信息流量要求较高。早期的向量处理机如 STAR-100CYBER-205 等都采用这种结构。

3. 纵横（分组）处理方式

纵横处理方式是上述两种方式的结合。它是把向量分成若干组，组内按纵向方式处理依次处理各组。对于上述例子，设 $N = S \times n + r$，其中，N 为向量长度，S 为组数，n 为每组的长度，r 为余数。若余下的 r 个数也作为一组，则共有 $S+1$ 组。

其运算过程如下：

先算第 1 组

$$k_{1\sim n} \leftarrow b_{1\sim n} + c_{1\sim n}$$
$$k_{1\sim n} \leftarrow a_{1\sim n} \times k_{1\sim n}$$

再算第 2 组

$$k_{(n+1)\sim 2n} \leftarrow b_{(n+1)\sim 2n} + c_{(n+1)\sim 2n}$$
$$d_{(n+1)\sim 2n} \leftarrow a_{(n+1)\sim 2n} \times k_{(n+1)\sim 2n}$$

以此进行下去，直到最后一组，即第 $S+1$ 组。

可以看出，每组内各用两条向量指令，执行时每组只发生一次数据相关和两次流水线的功能切换，所以，这种处理方式也适用于向量处理机。

这种处理方式对向量长度 N 的大小也不加限制，但它是以每 n 个元素为一组进行分组处理的。n 的值是固定的，因此可以设置能快速访问的向量寄存器，用于存放源向量、目的向量及中间结果，让运算部件的输入、输出端都与向量寄存器相连，构成寄存器-寄存器型操作的运算流水线。美国的 Cray-1 和我国的 YH-1 巨型机是典型的寄存器-寄存器结构的向量处理机。

7.4.2 向量处理机的结构

向量处理机的基本思想是把两个向量的对应分量进行运算，产生一个结果向量。假设计算表达式 $C = A + B$，其中 A、B、C 都是长度为 N 的向量，$A = (a_1, a_2, \cdots, a_N)$，$B = (b_1, b_2, \cdots, b_N)$，$C = (c_1, c_2, \cdots, c_N)$。

一种采用流水线运算部件实现上述运算的方法如图 7-19 所示。运算器的两条输入数据通路分别传送数据 A 和 B。存储器每个时钟周期分别提供 A 和 B 的一个元素到相应的输入数据通路上。运算器每个时钟周期产生一个输出值。实际上，数据的输入速率只需和输出速率一样就可以了。如果运算器每 d 个时钟周期输出一个结果，那么输入数据的速率也就只需每 d 个时钟周期为每条数据通路送入一个数据就可以了。

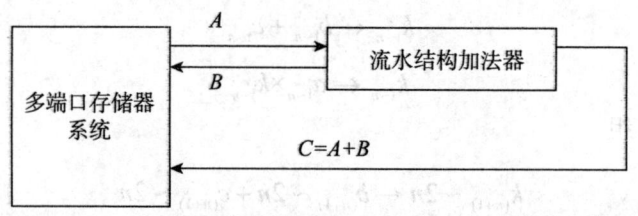

```
         A
多端口存储器 ────→ 流水结构加法器
  系统    ←──── 
         B
         ←────
         C=A+B
```

图 7-19 一种能实现两个向量相加的流水结构的加法器

图 7-19 所示是向量处理机最简单的框图，用它来说明数据在流水线上流动的一般情况。图中流水线运算器是向量计算机的核心部件。

要求向量计算机的存储器系统能提供给运算器连绵不断的数据流，以及接收来自运算器的连绵不断的运算结果，这是设计存储器系统的困难之处。对此，向量处理机在系统结构方面所采用的主要技术都是设法维持连续的数据流，调整操作次序以减少数据流请求。假设取操作数、运算、把结果写回存储器在一个时钟周期内完成，就要求存储系统能在一个时钟周期内读出两个操作数和写回一个运算结果。

一般的随机访问存储器一个时钟周期内最多只能完成一次读操作或写操作。因此，图 7-19 所示的存储器系统的带宽至少应 3 倍于一般的存储器系统。这里还忽略了输入/输出操作对存储器带宽的要求，以及取指令对存储器带宽的影响，不过向量结构的一大优点就在于取一次指令可以完成一个很长的向量运算。所以，与传统结构中 20%～50% 的带宽用于取指令的情况相比，向量结构中取指令操作所要求的带宽可以忽略。

系统结构设计者所面临的主要问题是如何设计出一个能满足运算器带宽要求的存储器系统。目前市场上出售的向量计算机主要采用两种方法。

（1）利用几个独立的存储器模块来支持对相互独立数据的并发访问，从而达到所要求的存储器带宽，即存储器－存储器结构。

（2）构造一个具有所要求带宽的高速中间存储器，并能实现该高速中间存储器与主存储器之间的快速数据交换，即寄存器－寄存器结构。

在第一种方法中，如果一个存储模块一个时钟周期最多能取一个数据，那么要在一个时钟周期存取 N 个独立数据，就需有 N 个独立的存储模块。在第二种方法中，中间存储器的容量较小，所以存取速度比较快，从而获得较高的带宽。但是，由于小容量的存储器中的数据必须由主存储器装入，尽管其带宽很高，最终大容量的主存储器仍会成为整个系统的瓶颈。为了最大限度地利用这种小容量的高速存储器，对已装入高速存储器的操作数应尽量被多次访问。这样，处理机实际访问主存储器的请求就会减少，主存储器的带宽也不必和处理机所要求的最大带宽一样高了。

1. 存储器-存储器结构

主存储器由多个存储器模块构成。图 7-20 中画的是由 8 个模块构成的存储器系统，它的带宽是单个模块的 8 倍。流水线运算器与主存储器系统之间有 3 条相互独立的数据通路，各数据通路可以同时工作，不过一个存储器模块在某一时刻只能为一个通路服务。

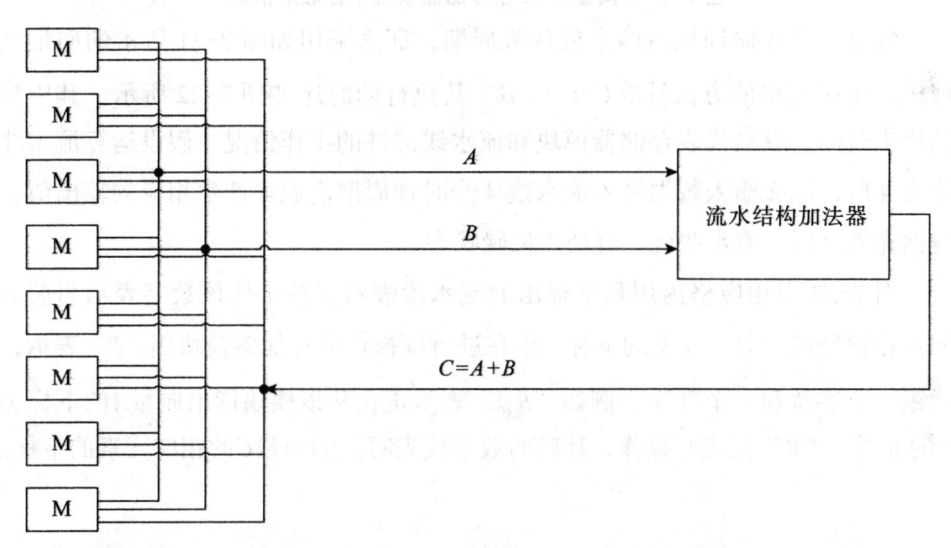

图 7-20　一个具有由 8 个端口存储器模块组成的存储器系统的向量处理机

下面看图 7-21 中的系统是怎样实现向量运算的。假设一个存储周期占两个处理机周期，那么图 7-19 所示的存储器系统要满足流水线所需的带宽至少应是单个存储器模块的 6 倍。

模块0	A[0]		B[6]		C[4]	...
模块1	A[1]		B[7]		C[5]	...
模块2	A[2]	B[0]			C[6]	...
模块3	A[3]	B[1]			C[7]	...
模块4	A[4]	B[2]		C[0]		...
模块5	A[5]	B[3]		C[1]		...
模块6	A[6]	B[4]		C[2]		...
模块7	A[7]	B[5]		C[3]		...

图 7-21　向量ABC在存储器系统中存放的情况

假设一个存储周期占两个处理机周期，那么采用如图 7-21 所示的向量处理机，按最理想的方法计算 $C = A + B$，其执行的时序如图 7-22 所示。其中横轴代表时间，纵轴代表存储器模块和流水线部件的工作情况。假设运算流水线分为 4 段，那么输入数据进入流水线 4 个时钟周期之后才产生相应的输出值。数据充满之后，流水线就一直处于忙碌状态。

图 7-22 中相应格内用数字标出的流水段表示正在工作该数字表示当前周期正在被处理的向量元素的下标。正在进行读操作的存储器模块用"R"表示，后跟一个字符和一个数字，例如"R_{A0}"表示正在从该模块读出向量A的下标为 0 的元素。"W"代表写操作，其后的数字代表写回的向量C的相应元素的下标。

流水线段4						0	1	2	3	4	5	6	7
流水线段3					0	1	2	3	4	5	6	7	
流水线段2				0	1	2	3	4	5	6	7		
流水线段1			0	1	2	3	4	5	6	7			
存储器7						R_{B5}	R_{B5}	R_{A7}	R_{A7}	W_3	W_3		
存储器6					R_{B4}	R_{B4}	R_{A6}	R_{A6}	W_2	W_2			
存储器5				R_{B3}	R_{B3}	R_{A5}	R_{A5}	W_1	W_1				
存储器4			R_{B2}	R_{B2}	R_{A4}	R_{A4}	W_0	W_0					
存储器3		R_{B1}	R_{B1}	R_{A3}	R_{A3}								
存储器2	R_{B0}	R_{B0}	R_{A2}	R_{A2}									W_6
存储器1	R_{A1}	R_{A1}				R_{B7}	R_{B7}				W_5	W_5	
存储器0	R_{A0}	R_{A0}				R_{B6}	R_{B6}			W_4	W_4		
	0	1	2	3	4	5	6	7	8	9	10	11	12

时间/时钟周期

图 7-22　两个向量在流水线方式下分量相加的时序图

2. 寄存器-寄存器结构

前面已指出使主存储器有较高带宽的另一种方法是由一级或多级中间存储器形成一个层次结构的存储器系统，其中带宽最高的这一级存储器安排在距处理器最近的位置。当处理器需要向量时，把向量从主存储器送到速度最快的这一级存储器。中间几级存储器起着把数据送往最快速存储器时或使用后送回主存储器时中间存储的作用。即寄存器-寄存器结构。

Cray-1 系统是美国 Cray 公司于 1976 年提供的产品。它是一台运算速度达每秒亿次以上的巨型机器。速度这么高的一个原因是它采用了层次结构的存储器系统。简化的 Cray-1 的框图如图 7-23 所示。主存储器与流水结构运算器之间有一级或两级的中间存储器。对于向量运算来说，中间存储器是 V 寄存器，它是向量寄存器，它由 8 个寄存器组成，每个寄存器可以存储 64 个 64 位的分量。向量指令能对向量寄存器的分量进行连续的重复处理。执行向量指令时，流水结构运算器在一个时钟周期内从两个 V 寄存器得到一对操作数，完成某种操作后用一个时钟周期的时间把结果送入另一个 V 寄存器。主存储器与 V 寄存器之间的数据传送以成组传送的方式进行。向量流水线是从向量寄存器而不是从主存储器读取数据。同样，从流水线输出的结果向量也是送回向量寄存器。

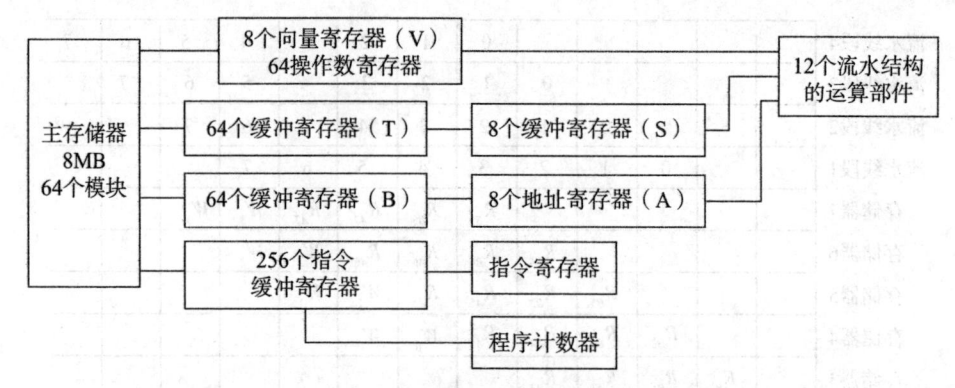

```
主存储器        8个向量寄存器（V）
8MB             64操作数寄存器         ──→  12个流水结构
64个模块                                     的运算部件
                64个缓冲寄存器（T）──→ 8个缓冲寄存器（S）
                64个缓冲寄存器（B）──→ 8个地址寄存器（A）
                256个指令         ──→ 指令寄存器
                缓冲寄存器             程序计数器
```

图 7-23 Cray-1 一种基于分级存储系统的系统结构

对于标量运算来说，有两级中间存储器。速度很快的一级是 8 个 64 位的 S 寄存器，它是标量寄存器。它们直接与标量运算流水线相连，为标量运算和逻辑运算提供源寄存器和结果寄存器。

另一级速度稍慢一些但仍具有很高速的中间存储器是 T 寄存器。它由 64 个标量寄存器组成，每个寄存器字长 64 位。主存储器与 T 寄存器之间以成组的传送方式进行数据传送。由 T 寄存器组成的标量存储器的作用与高速缓冲存储器相同，都是为了保存那些在高速的标量存储器中装不下的数据。这些数据有可能暂时不用，但应该保存在离处理器较近的地方以备将来使用，而不应该在两次使用之间又将其送回较远的主存储器中去。同样，新的数据也可以在被运算器使用之前就预取到中间标量存储器中。

与高速缓冲存储器不同的是，这些中间存储器不是自动管理的，而是由程序员或编译程序来管理，通过一般的指令将数据装入或移出中间存储器。

这种中间存储器与高速缓冲存储器相比的一大优点是速度快。因为流水结构运算器通过寄存器寻址方式访问中间存储器，而访问高速缓冲存储器必须查看高速缓冲存储器表，这需要较长的时间，因此，高速缓冲存储器的一个周期要完成地址比较操作和通常的读操作。而 Cray-1 中的中间存储器则无须花时间去进行类似的高速缓冲存储器地址比较操作。

Cray-1 系统还有 8 个 24 位的 A 寄存器，它主要用作访问存储器的地址寄存器和变址寄存器，还可用来提供移位的计数值和循环控制值。64 个 24 位的 B 寄存器用作 A 寄存器的中间存储器，它可以存放需要重复访问的数据。例如循环计数值，这些数据就不需要在 A 寄存器或在存储器中保留。主存储器与 B

寄存器之间的数据传送以成组传送的方式进行。这样，B 寄存器组就相当于 A 寄存器组的高速缓冲存储器。不过对 B 寄存器的所有操作都是由程序指令直接控制，而不像高速缓冲存储器那样是自动控制的。

图 7-23 中还有一个中间存储器，它是指令缓冲器，它由 256 个 16 位寄存器组成，用来存放在指令执行之前就取出来的指令。由于缓冲器较大，所以主要的程序段可留在其中。内循环指令有可能全部放在指令缓冲器中，这样就可以重复执行而不用再到主存储器去反复读取指令。由于许多应用程序一般都是紧凑的循环形式，所以取指次数就大大减少。

图 7-23 中流水结构运算器的每个功能部件都有一个高速存储器与之相连。没有一个设计这种系统结构的主要思想是使操作数离处理器很近，以保证处理器一直处于忙状态。中间存储器能提供给处理器快速存取的数据，而成本又比较低。

中间存储器的性能比速度最高的存储器要低。设计这种多级存储器系统时必须对有无中间存储器的性能以及用中间存储器代替高速寄存器能有多少节省进行权衡。这里的节省既是指成本的降低，也是指体积和能量消耗的降低。这在巨型计算机设计中可能是决定性的因素。

中间存储器还能形成新的数据结构，以满足高效处理的要求。流水线一般需要访问向量寄存器中连续的元素，而这些待处理的元素不一定位于存储器的连续单元之中。操作数可先放入中间存储器，再从中间存储器送往向量寄存器。这样，操作数就有可能被重新组织，使下一次要处理的数据被送到向量寄存器的相邻单元。

Cray-1 的流水结构算术运算能重叠地运行，能同时进行 3 种相互独立的向量运算。一个向量运算所产生的输出可以直接作为下一个向量运算的输入。第一种结构没有提供这种数据通路，所以结果数据流必须首先存入存储器，然后取出再送往运算流水线进行其他的处理。

因为可变延迟器为所有的向量运算所共用，所以缓冲器在下次流水线的延迟建立之前必须排空。流水线在两次运算之间也必须排空，所以重叠操作就没有可能了。Cray-1 能够重叠的流水运算，严格地讲是由于它有中间缓冲器和高速寄存器。

虽然高速缓冲存储器是高速计算机的一个很重要的部件，但 Cray-1 没有高速缓冲存储器。Cray-1 设有几个存储器，它们在层次结构的存储系统中的位置与高速缓冲存储器类似。没有采用高速缓冲存储器的一个原因是向量运算不同于标量运算。这类机器设计时应考虑非高速缓冲存储器结构的中间存储器的编程的成本和难度，也应考虑寄存器寻址方式要比高速缓冲存储器访问方式的性能高，必须对两者进行权衡。Cray-1 是为获得高性能而设计的。它的用户都是高级用户，愿意在软件上多花些功夫以获得性能的提高。所以设计时倾向于采用可编程的寄存器组而不采用高速缓冲存储器。

Cray-1 的中间寄存器组，包括标量用的 T 寄存器组地址用的 B 寄存器组和指令缓冲器，都可以用高速缓冲存储器来代替。如果这些寄存器组采用高速缓冲存储器结构的话，其命中率应该可与一般串行机的命中率相比，但是高速缓冲存储器数据的一致性将是一个很困难的问题。

Cray-1 中的有些部件可以修改数据，任何修改必须使存放这些数据的高速缓冲存储器能够知道。有些高速缓冲存储器一致性协议要求每当一个新数据存入高速缓冲存储器时，必须检查所有其他高速缓冲存储器中是否已有该数据。这可能引起高速缓冲存储器访问冲突而影响性能。

尽管上述方法不是实现互锁的访问高速缓冲存储器的唯一途径，但是互锁几乎总是会导致性能的降低和成本的增加。因此高速缓冲存储器结构不适合于 Cray-1 这类机器。

看来，将来的设计不必沿着 Cray-1 的方向。器件技术很有可能发生很大变化，使存储器的集成度、速度和价格都会发生很大的变化。所有这些因素或其中任何一个因素的比较大的变化都有可能产生完全不同的系统结构。随着存储器变得越来越大、越来越快、越来越便宜，有可能出现大容量的中间存储器。

但是，为了使计算机系统的冷却更容易、体积更小，这就迫使设计者采用小容量的中间存储器，或者根本不采用中间存储器。对于巨型机来说，一个比较适当的方法是先保证尽量大的容量和尽量好的性能，然后在不严重影响性能的前提下设法减小体积、能量消耗和总的成本。

7.5 计算机系统结构新发展

随着科学技术的飞速发展以及计算机应用领域的日益扩大，对计算机系统的处理能力、计算速度提出了更高的要求。为了大幅度地提高计算机并行处理能力，必须在计算机系统结构技术上有所突破。

7.5.1 冯·诺依曼机系统结构的演变

冯·诺依曼机是一种采用存储程序的计算机系统，其硬件组成主要包括中央处理器（CPU）、存储器、输入/输出（I/O）设备和系统总线。它以存储器为中心，将程序和数据都存储在同一存储器中，并使用PC来控制指令的执行顺序。这种结构的优点在于它能够实现灵活、高效的程序控制。

为了改善冯·诺依曼机的性能，人们采用了许多改进方法。首先是采用先行制，即预测下一条指令并提前加载指令和数据，使指令和数据可以同时访问存储器。其次是流水线技术，即将指令的执行分成多个阶段，并同时执行多条指令，以提高指令的执行效率。此外，开发并行性是另一个重要的改进方向，即采用多个处理器并行执行任务，从而提高整个系统的计算能力。

在存储器方面，人们提出了一些新的架构设计，如采用多体交叉存储器，增加存储带宽，从而提高存储器的访问速度。此外，还可以增加新的数据表示方法，支持高级语言的运算和处理。

最后，在I/O设备方面，人们将I/O设备和CPU并行工作，以提高整个系统的效率和吞吐量。同时，还可以采用缓冲区的设计，将大量数据缓存在缓冲区中，减少I/O操作对整个系统的影响。

7.5.2 集群计算机系统结构

1. 集群计算机系统概念

集群计算机系统是一种将多个计算机连接在一起以共同完成计算任务的系统。集群计算机系统的历史可以追溯到20世纪70年代，当时几个研究团队尝试将多个计算机连接在一起以共同完成一些科学计算任务。

集群计算机系统的使用效率很高，因为多台计算机可以同时工作，从而提高了计算能力和计算速度。集群计算机系统还可以通过添加新的计算机节点来扩展其计算能力，因此它可以应对各种计算密集型任务。

集群计算机系统可以分为以下几类：

（1）对称多处理器集群：每个节点都有自己的处理器和主存储器，并且所有处理器都可以共享主存储器。

（2）非对称多处理器集群：节点具有不同级别的处理器和主存储器，而且处理器之间没有共享主存储器。

（3）高可用性集群：它可以提供冗余性和容错性，以保证系统在出现故障时能够继续工作。

（4）数据集群：它专门用于存储和处理大量数据。

集群计算机系统的应用十分广泛，包括以下几个领域：

（1）科学计算：集群计算机系统可以用于计算密集型任务，如气象预测、天体物理学和生物信息学。

（2）工程设计：集群计算机系统可以用于模拟复杂系统的行为，如飞行器设计、汽车设计和建筑设计。

（3）金融：集群计算机系统可以用于金融分析、风险管理和交易处理。

（4）医疗保健：集群计算机系统可以用于分析医疗图像、药物研发和病人数据管理。

为了提高集群计算机系统的性能和可靠性，许多改进措施已经被采用。其中一些包括：

（1）采用先进的调度算法和任务分配策略，以优化系统性能。

（2）采用流水线和多线程技术，以提高系统并行性。

（3）使用高速网络和存储器，以提高系统带宽和存储容量。

（4）采用分布式文件系统和分布式数据库，以支持大规模数据处理。

总体来说，集群计算机系统是一种强大的计算资源，它可以提供高性能、高可靠性和高可扩展性，从而在各种应用领域中发挥重要作用。

集群计算机系统的基本结构如图 7-24 所示。

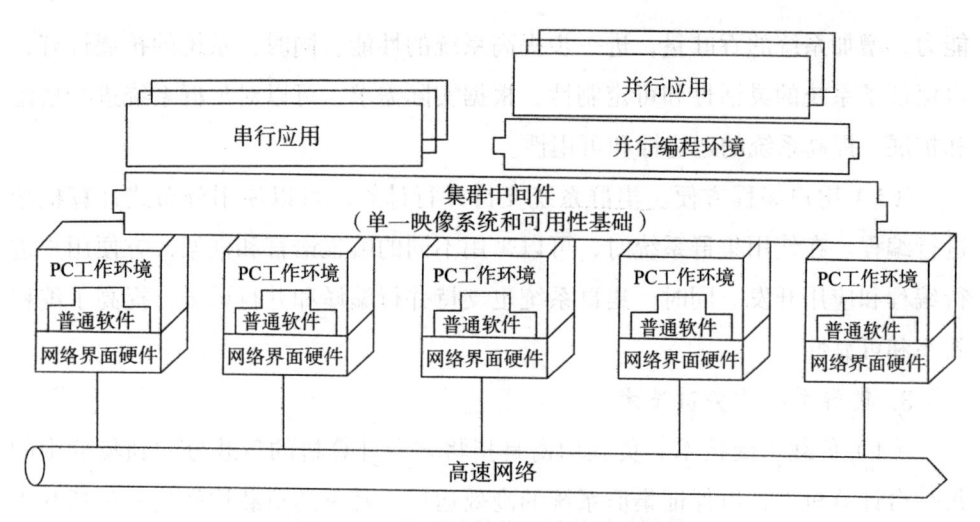

图 7-24 集群计算机系统的基本结构

2. 集群系统的结构特点

集群系统相比传统单机系统，集群系统具有结构特点明显的优势。其特点有以下几个方面。

（1）系统开发周期短。集群系统中，不同计算节点可以并行处理任务，因此其系统开发周期相比单机系统短。在开发过程中，可以将系统分解为不同的模块，由不同的开发人员并行开发，加速了系统的开发。同时，在进行任务计算时，可以采用任务切分的方法，将任务切分为不同的子任务，由不同计算节点并行处理，有效提高了系统的运行效率。

（2）系统价格低。传统的高性能计算机往往价格昂贵，不易承受。而集群系统中，可以通过使用廉价的个人计算机组成，大大降低了系统的价格。通过将计算节点进行搭配，可以根据实际需求定制不同的集群系统，更加经济实用。

（3）节约系统资源。传统单机系统的性能瓶颈主要是由 CPU、主存储器等硬件资源瓶颈导致。而在集群系统中，可以通过增加计算节点数量，进一步提高系统的计算能力，充分利用系统资源。此外，在使用集群系统时，可以将任务切分为多个子任务，由不同计算节点并行处理，充分发挥系统资源的利用效率。

（4）系统的可扩展性好。集群系统可以通过增加计算节点来扩展其计算能力，增加系统的吞吐量，进一步提高系统的性能。同时，系统的扩展性好，也保证了系统的灵活性和可定制性。根据实际需求，可以对集群系统进行搭配和扩展，提高系统的适应性和可用性。

（5）用户编程方便。集群系统支持并行计算，可以使用分布式计算框架进行编程。在使用集群系统时，可以采用不同的编程语言和框架，方便用户进行编程和应用开发。同时，集群系统也支持并行编译和并行调试，提高了编程效率和可靠性。

3. 集群系统的关键技术

（1）负载均衡技术。负载均衡是指将多台计算机的负载分配到集群中的每一台计算机上，以保证集群系统的高效运行。常见的负载均衡技术包括基于硬件的负载均衡、基于软件的负载均衡和基于DNS的负载均衡等。

（2）高速网络技术。集群系统需要通过高速网络实现计算节点之间的通信，以保证系统的高效运行。

（3）分布式文件系统技术。在集群系统中，需要实现对数据的高效存储和管理，因此需要采用分布式文件系统技术。

（4）高可用性技术：集群系统需要保证系统的高可用性，以保证系统的稳定运行。常用的高可用性技术包括基于软件的负载均衡、双机热备、故障转移等。

（5）并行计算技术。集群系统中的计算节点需要进行高效的并行计算，以提高系统的计算性能。

（6）虚拟化技术。集群系统中需要实现对计算资源的高效管理和分配，因此需要采用虚拟化技术。

（7）容器化技术。容器化技术可以提高集群系统的资源利用率和运行效率。

4. 国内高性能计算机的研制

我国在研制高性能计算机方面，已经取得很多成就。这些高性能计算机主要可以划分为三大类。

（1）平行向量处理器（Parallel Vector Processors，简称PVP）超级计算机是我国高性能计算机发展的早期阶段，其代表性产品为神威系列计算机。神威·太湖之光是当前世界上最快的超级计算机之一，它拥有着高性能的向量处理器和众核并行处理器。其特点是在处理大量科学计算、天气预报等方面具有较高的效率。此外，PVP向量型超级计算机还包括神威·光峰、神威·光之谷等多个版本，这些计算机系统在高性能计算领域的实际应用和科学研究方面产生了广泛的影响。

（2）大规模并行处理（Massively Parallel Processing，简称MPP）超级计算机是我国高性能计算机的另一阶段，其代表性产品为天河系列计算机。天河一号是我国第一个自主研制的并行处理机系统，其采用了多级互联网络结构，可以提供较高的通信带宽和较低的通信延迟。天河二号是天河系列的又一代代表作品，它采用了GPU和CPU异构计算体系结构，实现了更高的性能和更低的能耗。天河三号是天河系列的最新成果，采用了全新的架构设计，包括"紫光飞芯"处理器和AI加速器，大幅提升了处理器的性能和效率。

（3）集群计算机是当前我国高性能计算机的主要研究方向之一。其代表性产品包括神威·太湖之光2.0、天河四号等。集群计算机采用了分布式计算的思想，将大规模的计算任务分解为多个小任务并行计算，可以充分利用计算机集群中的每一台计算机资源，从而提高计算效率和性能。集群计算机在科学计算、人工智能等方面应用广泛，并成为我国高性能计算机研究的重要领域之一。

7.5.3 网格技术

网格技术是一种分布式计算和数据处理技术，它的主要目标是实现全球范围内的资源共享和协同工作。网格技术的核心思想是将计算和数据处理能力分散到网络上的各个节点，通过高效的数据交换和通信协议来组织和管理这些节点，使各个节点可以协同工作，提高整个系统的处理效率和可靠性。

网格技术主要的研究内容包括以下几个方面：

1. 网格体系结构和中间件

网格系统通常由多个异构计算节点和存储节点组成，这些节点之间通过网络进行通信和数据传输。为了实现这些异构节点之间的协同工作和资源共享，网格技术需要一种有效的体系结构和中间件来管理这些节点。研究人员需要设计和开发一套可靠的中间件，以便在网格系统中实现统一的资源管理、任务调度和数据传输机制。此外，网格体系结构和中间件还需要支持安全认证、用户管理和数据隐私保护等功能。

2. 网格安全

由于网格系统中的计算资源和数据资源来自不同的机构和组织，因此网格安全和信任是网格技术研究的重要方面。网格安全和信任主要涉及身份验证、访问控制、数据加密和完整性保护等方面。为了保证网格系统的安全性和可信度，研究人员需要开发一套有效的安全和信任机制，以便在网格系统中实现可靠的身份认证、授权和数据保护。

3. 网格数据管理

数据网格是网格技术中的一个重要领域，它主要关注如何有效地管理和共享分散的数据资源。为了实现数据共享和协同工作，研究人员需要开发一套高效的数据管理系统，以便在网格系统中实现数据的快速查询、访问和传输。此外，数据管理系统还需要支持数据备份、恢复和数据质量保证等功能，以便确保网格数据的安全和可靠性。

4. 网格应用和性能优化

网格技术主要的应用领域包括科学计算、医学研究、金融服务和电子商务等。网格性能是指利用网格计算实现的应用的性能，包括任务调度、数据传输、并行计算和负载均衡等。网格优化是指通过优化算法和架构设计等手段提高网格计算的性能。

5. 网格资源调度与管理

对于一个网格系统，资源调度与管理是重要的。网格系统中，资源是分散在各个节点上的，如何高效地对资源进行调度、管理和监控，成为一个非常复杂的问题。为此，网格技术研究了一系列的资源调度与管理技术，例如任务调度算法、资源预测和资源使用率监控等。

任务调度算法是网格资源调度与管理的核心技术之一。任务调度算法的目的是合理地调度任务到网格资源中执行，以达到优化资源利用率、降低响应时间和提高任务完成率等目的。在网格系统中，由于资源节点数量众多，任务之间存在依赖性，任务的规模也差异很大，因此任务调度算法需要具备高效、快速、灵活等特点。网格技术研究了一系列任务调度算法,例如最短作业优先、最小完成时间、遗传算法、模拟退火等等。

另外,网格技术还研究了资源预测和资源使用率监控技术。在网格系统中,由于资源节点数量庞大,资源的使用情况会随时变化,因此如何准确地预测和监控资源的使用情况,成为网格资源调度与管理的又一重要问题。资源预测技术可以帮助管理员预测未来资源的使用情况,以便采取合理的调度策略。资源使用率监控技术可以实时监控资源的使用情况,以便进行实时的资源调度和管理。

第8章 结论与展望

8.1 结论

通过本书的学习，人们可以得出以下结论：

首先，计算机的发展历程经历了从机械计算器、电子计算机到集成电路、微处理器、超级计算机的发展过程，计算机性能不断提高，应用范围也日益广泛，从科研、教育到工业生产和社会管理等各个领域计算机都有着不错的应用。

其次，计算机系统由硬件和软件两部分组成。硬件包括中央处理器、存储器、输入输出设备、总线等；软件包括操作系统、应用软件等。它们相互配合，构成一个完整的计算机系统。

再次，计算机系统的性能主要由处理器的时钟频率、存储器的容量和速度、输入输出设备的速度、总线的带宽等因素决定。

最后，计算机系统的不同部分之间通过总线连接，主存储器是计算机系统中最重要的组成部分之一，也是计算机系统性能的瓶颈之一。高速缓冲存储器和虚拟存储器的引入可以有效地提高计算机系统的性能。指令系统和控制器是控制计算机系统运行的关键部分，计算机系统中的输入输出设备包括终端和输入输出设备等。最后，计算机系统的结构包括流水线、并行处理机、多处理机、向量处理机等，这些结构可以有效提高计算机系统的性能。

8.2 展望

计算机作为现代信息技术的重要组成部分，一直在不断发展和进步。随着科技的不断进步和社会的快速发展，计算机未来的发展趋势将会面临许多新的挑战和机遇。下面从计算机系统、软件、硬件三个方面探讨计算机未来的发展趋势。

8.2.1 计算机系统的发展趋势

1. 网络化

计算机系统将更加强调网络化和互联互通，实现全球信息资源共享和数据交换。未来计算机系统将会更加注重联网，实现数据的实时共享和交换。因此，计算机系统的安全性、稳定性和可靠性将成为发展的重要方向。

2. 大规模化

计算机系统将会向更大规模化方向发展。大型数据中心和超级计算机系统将会成为未来计算机系统的主流。大规模化的计算机系统可以更好地处理大数据和复杂的运算，提高计算机的运行效率。

3. 虚拟化

计算机系统将会越来越注重虚拟化技术的应用，实现更高效的资源利用和更快的应用响应速度。虚拟化技术可以提高计算机系统的资源利用效率，降低成本和能耗，并增强系统的可扩展性。

4. 智能化

未来计算机系统将会更加注重智能化技术的应用，实现自主决策、自动化控制和自主学习。智能化计算机系统可以更好地适应人工智能、机器学习等新兴应用领域，为人类社会带来更多的便利和发展机遇。

8.2.2 计算机软件的发展趋势

1. 开源化

开源软件将会成为未来计算机软件的主流。开源软件具有更高的安全性和可靠性，可以为用户提供更好的服务和更多的选择。

2. 云计算

云计算将成为未来计算机软件的主要形式。云计算可以为用户提供更好的应用体验和更快的数据响应速度，也可以为企业和个人带来更多的商业机会。

3. 自动化

未来计算机软件将会越来越注重自动化技术的应用。自动化技术可以为用户提供更快捷的服务和更高效的应用体验，也可以为企业节省人力成本。

4. 可重构性

随着科技的快速发展，计算机软件的可重构性成了软件开发中的重要议题。未来的发展趋势将基于可重构计算的软件开发和可编程软件的普及。这将使软件更加灵活化、可扩展化和可定制化，更好地满足用户需求。这也意味着软件设计师需要更多的专业知识和技能，以确保软件的可重构性和高效性。

8.2.3 计算机硬件的发展趋势

随着科技的不断发展，计算机硬件也在不断进步和改进。未来计算机硬件的发展趋势主要有以下几个方面：

1. 量子计算机

量子计算机是近年来备受瞩目的项目，其运算速度远超传统计算机，可以在短时间内处理海量数据。量子计算机的核心是量子比特，与传统二进制的比特不同，量子比特可以同时具备多种状态，这使量子计算机在处理大规模数据时可以大幅度提高计算效率。目前，量子计算机还处于研究阶段，但是已经开始应用于化学、物理、生物学等领域的计算任务。

2. 人工智能芯片

随着人工智能的发展，人们对计算机的运算能力提出了更高的要求。传统计算机在处理大规模数据时速度较慢，为了提高处理效率，科学家研发了专门的人工智能芯片。这些芯片使用特殊的算法和硬件，可以在处理大规模数据时大幅度提高计算效率。人工智能芯片已经应用于自动驾驶、人脸识别、语音识别等领域。

3. 三维（Three Dimension，简称3D）打印技术

3D打印技术是一种新型的生产制造技术，它可以实现快速原型制作、定制化生产、批量生产等功能。3D打印技术在制造业领域得到广泛应用，也被应用于医疗、教育、建筑等领域。未来，3D打印技术将进一步发展，实现更高效的生产制造方式。

4. 光电子计算机

光电子计算机是一种新型的计算机，它使用光子和电子来处理信息，可以实现更高的运算速度和更低的能耗。与传统计算机使用的电子信号相比，光子信号传输速度更快，信息容量更大，抗干扰性能更强。目前，光电子计算机还处于研究阶段，但是已经被广泛认为是计算机未来发展的重要方向之一。

5. 智能化硬件

随着人工智能技术的不断发展，智能化硬件已经逐渐走进人们的生活。智能手机、智能家居、智能穿戴等智能化硬件逐渐得到广泛应用。

6. 新型处理器架构

现代处理器架构已经开始向多核心、超线程、异构计算、向量计算等方向发展。未来的处理器将更加注重多核心和高性能计算单元的优化，同时增强处理器与其他设备的协同处理能力，以提高计算效率。

7. 更高速、更大容量的存储器

未来计算机硬件将需要更快、更大容量的存储器，以应对日益增长的数据量和处理需求。新型存储器技术的出现，如非易失性内存、存储级内存等，将成为存储器发展的重要方向。

8. 更高速、更灵活的互联技术

现代计算机系统需要高速、可扩展的互联技术来连接各个组件，以支持更高效、更灵活的数据交换和处理。未来的互联技术将会更加注重可扩展性、可编程性、高性能和低能耗等方面。

9. 更智能、更集成的系统设计

未来计算机硬件将更加注重智能化、自适应性、安全性和集成性。随着物联网、人工智能、云计算等技术的发展，计算机系统将面临更多复杂多变的应用场景和需求，未来的系统设计将需要更高水平的智能化和集成化来应对挑战。

10. 新型计算机体系结构

随着量子计算、神经计算、光学计算等新型计算机体系结构的出现，未来的计算机硬件将不再局限于传统的冯·诺依曼体系结构，而会逐渐向更加多样化、更加高效的计算模式发展。这将为未来的计算机应用开辟更广阔的空间和可能性。

　　计算机的未来发展将不断追求更高性能、更高效、更智能化、更集成化和更多样化的趋势。这些趋势将为计算机应用提供更加广阔的发展空间和可能性，也需要相关技术人员和企业不断推动硬件技术的创新和升级，以适应未来计算机应用的发展需求。

参考文献

[1] 甘岚，刘美香，陈自刚.计算机组成原理与系统结构[M].北京：北京邮电大学出版社，2008.

[2] 蒋本珊.计算机组成原理与系统结构[M].北京：北京航空航天大学出版社，2000.

[3] 史士英.计算机组成原理与系统结构[M].北京：国防工业出版社，2006.

[4] 胡越明.计算机组成原理与系统结构解题辅导[M].北京：清华大学出版社，2002.

[5] 杨小龙.计算机组成原理与系统结构实验教程[M].西安：西安电子科技大学出版社，2004.

[6] 本书编写组.理工科研究生入学考试试题精选（2）：计算机组成原理、计算机系统结构与数字逻辑分册[M].长沙：国防科技大学出版社，2003.

[7] 贺劲，胡明昌.计算机专业研究生入学考试全真题解（2）：数字逻辑、组成原理与系统结构分册[M].北京：人民邮电出版社，2000.

[8] 朱世宇.计算机组成原理与系统结构[M].北京：北京交通大学出版社，2020.

[9] 前沿考试研究室.计算机专业研究生入学考试全真题解（2）：数字逻辑、组成原理与系统结构分册[M].北京：人民邮电出版社，2001.

[10] 陈建铎.计算机组成原理与系统结构[M].北京：清华大学出版社，2015.

[11] 张燕平.计算机组成原理与系统结构[M].北京：清华大学出版社，2012.

[12] 封超.计算机组成原理与系统结构[M].北京：清华大学出版社，2012.

[13] 马礼.计算机组成原理与系统结构[M].北京：机械工业出版社，2011.

[14] 包健，冯建文，章复嘉.计算机组成原理与系统结构[M].北京：高等教育出版社，2009.

[15] 马礼.计算机组成原理与系统结构[M].北京：人民邮电出版社，2004.

[16] 包健，冯建文，章复嘉.计算机组成原理与系统结构（第2版）[M].北京：高等教育出版社，2015.

[17] 冯建文，章复嘉，包健.计算机组成原理与系统结构实验指导书（第2版）[M].北京：高等教育出版社，2015.

[18] 李建荣，张杰，卜永波，等.计算机组成原理与系统结构实验指导书[M].呼和浩特：内蒙古农业大学印制中心，2010.

[19] 包健，冯建文，章复嘉.计算机组成原理与系统结构实验指导书[M].北京：高等教育出版社，2010.

[20] 沈美娥.计算机组成原理[M].北京：北京理工大学出版社，2018.

[21] 陈慧.计算机组成原理[M].北京：北京理工大学出版社，2017.

[22] 蒋璞.计算机组成原理[M].长沙：国防科技大学出版社，2011.

[23] 纪禄平.计算机组成原理[M].北京：高等教育出版社，2020.

[24] 单振辉，李慧.计算机组成原理[M].北京：北京邮电大学出版社，2016.

[25] 刘均.计算机组成原理[M].北京：北京邮电大学出版社，2016.

[26] 陈赪罡，马桂英，尹延均.计算机组成原理[M].成都：电子科技大学出版社，2019.

[27] 潘雪峰，刘智珺，周方，等.计算机组成原理[M].北京：北京理工大学出版社，2016.

[28] 魏胜利，曹领.计算机组成原理[M].成都：电子科技大学出版社，2016.

[29] 丁男，马洪连.计算机组成原理及应用[M].北京：电子工业出版社，2020

[30] 潘银松，颜烨，高瑜.计算机导论[M].重庆：重庆大学出版社，2020.

[31] 岳斌，尤宝山，张志军，等.计算机组成原理与设计实践教学改革[J].计算机教育，2022（11）：73-77.

[32] 焦喜香.大数据专业计算机组成原理课程教学改革探究[J].电脑知识与技术，2022，18（26）：113-115.

[33] 岳斌，张振宝，汪美霞，等.计算机组成原理与系统结构课程教学改革[J].计算机教育，2022（2）：134-138.

[34] 朱荣刚，朱霞.基于新工科的混合式教学模式探索：以"计算机组成原理与

系统结构"为例[J].中国新通信，2021，23（18）：212-213.

[35] 郭玉峰，虎晓红，孙昌霞.计算机组成原理与系统结构课程教学改革探讨[J].河南教育（高教），2019（9）：90-92.

[36] 易丛琴，冯国富，池涛，等.计算机科学与技术专业三门硬件课程一体化实验研究探索[J].教育教学论坛，2019（37）：277-278.

[37] 刘超，刘小洋，刘万平，等.《计算机组成原理》教学探索与研究[J].福建电脑，2017，33（9）：77，96.

[38] 朱霞.《计算机组成原理与系统结构》实验教学研究与探讨[J].课程教育研究，2017（16）：144-145.

[39] 刘小洋，张宜浩，刘超，等.计算机组成与系统结构课程教学探讨与实践[J].福建电脑，2017，33（2）：76-77.

[40] 冉全，陈艳.计算机组成原理和系统结构课程知识点陈旧老化现象解析[J].中国教育技术装备，2015（22）：17-19，28.

[41] 马力.计算机组成原理与系统结构的主要内容：评《计算机组成原理与系统结构》[J].教育理论与实践，2015，35（21）：65.

[42] 陈建铎，张乐芳.网工专业计算机组成原理与系统结构课程体系改革研究[J].物联网技术，2013，3（8）：75-78.

[43] 张永正."计算机组成原理与系统结构"实验教学研究[J].科技信息，2012（27）：8.

[44] 柴志雷.《计算机组成与系统结构》实践环节教学探索[J].考试周刊，2012（33）：120-121.

[45] 郑丽萍，秦杰，王献荣.计算机组成原理与计算机系统结构的教学内容衔接[J].计算机教育，2010（22）：52-55，59.

[46] 杨红杰，易明.计算机组成原理与系统结构实践教学改革研究[J].电脑知识与技术，2010，6（21）：6030-6031，6038.

[47] 朱海华，陈自刚."计算机组成原理与系统结构"实践教学探讨[J].计算机教育，2008（7）：62-63.

[48] 陈自刚.应用型本科院校"计算机组成原理"与"计算机系统结构"课程设置探讨[J].计算机教育，2008（6）：100-101.

[49] 徐爱萍,许先斌,蔡朝晖."计算机组成原理"与"计算机系统结构"教学研究[J].计算机教育,2008（4）：69-71.

[50] 张文宇,王睿,赵洪华,等.面向系统能力培养的计算机组成原理教学改革探索[J].软件导刊,2020,19（12）：185-189.

[51] 迟宗正,侯刚,赖晓晨,等.基于TEC-XP实验平台的仿真系统设计[J].实验技术与管理,2016,33（6）：140-144.

[52] 邹惠,王建东.以CPU设计为核心的"计算机组成原理"课程教学改革探讨[J].福建电脑,2016,32（3）：84-85.

[53] 付振勇.《计算机组成原理》课程教学改革建议[J].现代计算机（专业版）,2016（6）：56-59.

[54] 宋焕林."计算机组成原理"教学探索与改革[J].电脑知识与技术,2015,11（32）：77-78.

[55] 迎梅.计算机组成原理课程体系的研究与探索[J].课程教育研究,2014（26）：247-248.

[56] 吴艳霞,李静梅,张国印,等."计算机系统结构"教学内容研究与实践[J].教育教学论坛,2012（26）：48-49.

[57] 汤书森,马义德.现代计算机组成原理课程特点与实验教学新模式探索[J].高等理科教育,2012（1）：146-149.

[58] 段忠祥,王立杰.计算机组成原理与体统结构交互式虚拟实验系统的设计[J].广西轻工业,2011,27（11）：80-81.

[59] 周汝雁,沈晓晶,骆解民,等.一种计算机专业课程考核方法[J].计算机教育,2011（20）：69-71.

[60] 朱凌云.对计算机组成原理教学的思考[J].计算机教育,2011（19）：37-39.

[61] 秦杰,郑丽萍,杨卫东,等.面向地方普通高校的计算机系统结构课程教学改革探索[J].计算机教育,2011（2）：30-33.

[62] 李智楠.新考纲下计算机组成原理教学探索与实践研究[J].电脑知识与技术,2009,5（22）：6325-6326.

[63] 陈金儿,王让定,林雪明,等.基于CC2005的"计算机组成原理与结构"

课程改革[J].计算机教育,2006(11):33-37.

[64] 李梦菊.基于FPGA的计算机核心课程实验设计与研究[D].北京:华北电力大学,2015.

[65] 章复嘉.计算机组成原理实验系统的研究与设计[D].杭州:浙江大学,2003.